Jean DROUET

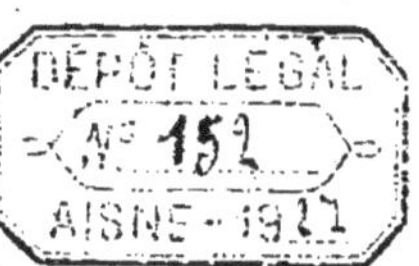

LE BERKSHIRE AMÉRICAIN EN FRANCE

Spéculation Porcine

du

Domaine de la Genevroye

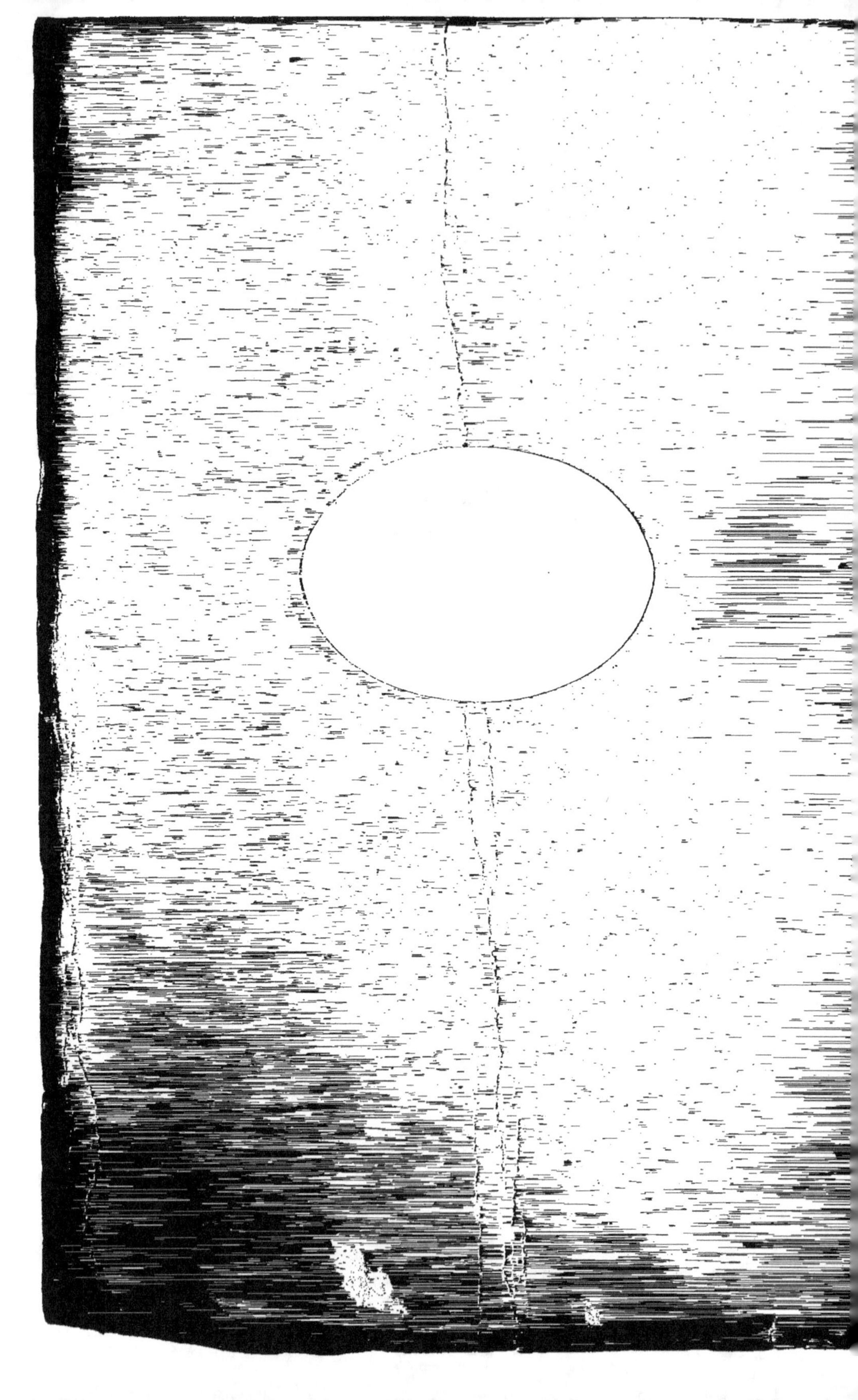

Jean DROUET

LE BERKSHIRE AMÉRICAIN EN FRANCE

Spéculation Porcine

du

Domaine de la Genevroye

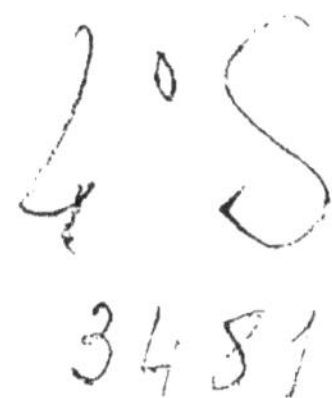

A la mémoire de mon Père

A ma Mère

Spéculation Porcine
du
Domaine de la Genevroye

THÈSE AGRICOLE

Jean DROUET,

Lauréat de la Société des Agriculteurs
de France

Juillet 1927.

IMPRIMERIE MODERNE
CHATEAU-THIERRY
1927

PRÉFACE

M. DROUET a choisi notre Exploitation d'Elevage Porcin pour l'élaboration de sa Thèse.

Il a entrepris un travail considérable au point de vue documentation, principes d'élevage, etc...

Avec une rare intelligence il a compris l'élevage tel que nous croyons qu'il doit être, simple et pratique, le seul qui puisse être rémunérateur, le seul qui permette d'envisager une exploitation de grand rendement.

Le Porc BERKSHIRE Américain l'a séduit par ses qualités incomparables de rusticité, de prolificité et de rendement, c'est une race réalisant le plus fort perfectionnement connu et d'un rendement éprouvé et permanent.

Avec méthode il a étudié à fond nos principes d'Elevage, nous sommes heureux de lui avoir servi d'exemple pour un élevage modèle.

Il a montré dans cette étude quel était notre but :

Doter la France d'une race pleinement adaptée à des possibilités d'élevage industriel, constituer un cheptel de qualité supérieure.

Introduire des méthodes saines, pratiques et le moins coûteuses possible.

Les difficultés que nous avons rencontrées au début sont maintenant presque complètement disparues.

Notre succès toujours croissant nous encourage à persévérer dans nos efforts.

Le Porc BERKSHIRE sera bientôt considéré en France comme l'un des meilleurs porcs.

La France, pays d'élevage par excellence, ne doit pas rester tributaire de l'étranger.

Il a, d'autre part, parfaitement démontré la supériorité du BERKSHIRE sur les autres races.

Cette thèse constitue, à notre avis, un véritable guide pour l'éleveur inspiré par les méthodes les plus modernes d'élevages et par les expériences les plus récentes des Collèges d'Agriculture des Etats-Unis. Il a exposé aussi complètement que possible le développement que doit prendre la production porcine et l'avenir que nous réserve l'élevage du BERKSHIRE Américain en France.

A M. DROUET tous nos remerciements et nos félicitations en souhaitant que cet ouvrage rencontre un succès bien mérité.

La Genevroye, le 1ᵉʳ Juin 1927.

INTRODUCTION

« *Il y a deux manières de créer une chose, celle d'abord de la concevoir, celle ensuite de la réaliser. Lorsqu'on arrive à réunir ces deux pratiques, l'on mérite alors pleinement et vraiment le nom de novateur.* » MM. Calvayrac et Chabrier mériteront donc bien ce nom en tant qu'ils ont mûri et réalisé avec un heureux succès une idée nouvelle et hardie en France.

Le but de cette thèse sera double : le premier, plus particulier, sera l'étude d'une porcherie modèle en France, appliquée d'après des théories modernes adoptées de l'Amérique de la façon la plus rationnelle et la plus judicieuse ; le second but, plus général et il découlera naturellement de notre étude, sera l'exposition des raisons qui donnent à croire que la race américaine Berkshire est appelée en France à un avenir intéressant.

Nous nous devons, avant d'aborder le sujet même de cette thèse, de remercier sincèrement MM. Calvayrac et Chabrier de l'aide généreuse qu'ils ont bien voulu nous accorder dans la confection de ce travail, ainsi que M. Pinier, administrateur du Domaine, dont les conseils nombreux et éclairés nous ont été d'une grande utilité. Nous remercions également M. le professeur Prevost, qui a bien voulu mettre à notre disposition sa haute compétence technique.

Nous nous ferons un agréable devoir de profiter de ce modeste travail pour exprimer à nos chers professeurs de l'Institut Agricole, le sentiment de notre vive reconnaissance pour l'instruction qu'ils nous ont procurée avec tant de bienveillance et dont le secours nous fut si précieux dans l'élaboration de cette thèse.

Enfin c'est au lecteur lui-même, et plus particulièrement à MM. les Délégués de la Société des Agriculteurs de France, que nous devons nous adresser pour demander toute l'indulgence et la bienveillance que nécessite la lecture d'une étude encore juvénile et hésitante, mais sincère et sans prétention.

CHAPITRE PREMIER

Le Berkshire Américain

Le Berkshire Américain, dont nous trouvons un spécimen unique d'élevage pur à la Genevroye, est une race créée assez récemment en Amérique, puisque non originaire de ce pays, elle y fut introduite il y a une centaine d'années. C'est un porc noir, aux extrémités blanches et de profil ultra concave, dont nous donnerons plus loin la description physique et les qualités inhérentes. Il nous semble préférable, afin de donner une idée plus claire et plus exacte de cette race, d'en étudier d'abord la formation et les sélections qui furent pratiquées sur elle. Ne pouvant viser à la personnalité dans une telle étude, nous nous en référerons à des personnes compétentes qui ont travaillé la question.

M. Dechambre nous dit : « L'ancien porc anglais du Comté de Berk était très réputé et passait pour la meilleure race de l'Angleterre. C'était au XVIIIe siècle un animal de forte taille, au corps massif et avec de grosses oreilles pendantes. Il était roussâtre avec des taches brunes ; sa couleur variait du fauve au rouge brun et montrait parfois des taches noires. » En 1808, nous trouvons une description analogue : « La couleur était encore brune avec taches noires et les oreilles pendantes, les côtes larges, les jambes courtes, le corps épais et bien fait avec aptitude à l'engraissement, bonne taille, belle viande, nez long et droit, soie longue et bouclée, épaisse aux oreilles. »

Nous empruntons à M. Edgar Humfrey les renseignements suivants : L'on peut être assuré que l'ancêtre commun de tous nos porcs modernes fut le vieux porc européen ; un animal de couleur brun sombre, qui errait à travers les forêts et les landes sauvages. L'un des districts qui rassembla et exploita ces porcs fut la portion montagneuse de l'ouest du comté de Berk, connu sous le nom de : Pays du Roi Alfred ; ce district était un excellent habitat pour la création d'une race de porcs rustique et sobre. Les animaux étaient élevés en grand nombre, se subvenant à eux-mêmes durant l'été et hivernant dans des cours pleines de paille et sous des abris, ce qui les fit connaître sous le nom de Berkshire.

Dès 1870, ces porcs étaient amenés aux marchés d'Oxford, d'Abingdon, transportés jusqu'à Londres, et obtenaient partout une excellente réputation. M. Lawrence, en 1790, décrivait le Berkshire : « nez long et recourbé, museau relevé, oreilles grandes, lourdes et pendantes, corps long et épais, mais non gros, jambes courtes, grosse ossature et grande taille ». On peut donc dire que bien avant cent trente années le Berkshire formait une race locale définie quant à la forme, sinon la couleur.

Après cette première période où le porc du « Comté de Berk » (Berkshire pig) n'est l'objet d'aucune attention spéciale, nous voyons apparaître la période d'amélioration. Cette pratique est assez mal connue, et nous citerons encore : « L'amélioration de la race fut entreprise au commencement du XIX siècle, dit M. Dechambre, tant dans le Berkshire que dans les comtés voisins. Elle fut effectuée par des croisements avec les races chinoises et napolitaines et par la multiplication des meilleurs sujets obtenus. A partir de 1825, la race présentait un type déjà assez homogène ; la robe noire commençait à se généraliser. » « Les historiens soutiennent que des essais furent faits dans l'histoire récente de la race pour améliorer le Berkshire par l'emploi du sang chinois, siamois et napolitain, et ce, avant 1825 », écrit Sir W.-E. Parroll, de l'Université de l'Illinois. Sir Edgard Hunfrey, secrétaire du Pig-Brook de la race, est d'avis que ces mêmes croisements ont été pratiqués en Angleterre entre 1800 et 1825. M. Antoine May entrevoit une justification de cette opinion dans « le reflet d'une riche tonalité cuivrée, qu'on remarque souvent, à l'heure actuelle, autour des oreilles des meilleurs Berkshire », qui implique l'introduction du sang asiatique ; le porc siamois a aidé à la confection du type sportif, par sa robe noire, tachée de blanc aux pattes, ses oreilles droites, petites et pointues ; le porc napolitain enfin l'a amélioré, d'après M. Dechambre, quant à la facilité d'engraissement : « Elle (la race napolitaine) n'a pas de rivale, écrit Heuzé, pour la facilité avec laquelle elle s'engraisse et le grand poids auquel elle peut arriver quand elle a été bien nourrie. »

Les textes précédents établissent, avec une certaine autorité, l'existence d'une seconde période, que nous pourrons dire d'amélioration, entre 1800 et 1925, où par l'introduction de sang étranger, on arriva à obtenir un animal aux caractères nets, répondant bien aux désirs des éleveurs, et conforme au but même envisagé dans cette sélection.

Alors débute la troisième période, dite de fixation ; il nous semble bon de reproduire l'appréciation de Sir D.-J. Cappe à ce sujet : « La race Berkshire peut être considérée comme la plus vieille et la plus américaine parmi les races porcines anglo-saxonnes et prétendre n'avoir subi aucun mélange de sang étranger depuis au moins quarante ans. » Ce chiffre apparaît nettement comme un minimum si l'on envisage que, dès 1844, M. William Heuver de Sevenhampton s'intéressa à améliorer et à fixer la race au point de vue robe principalement. En 1851, M. Heber Humfrey tendit à améliorer la race du Berkshire en fixant la caractéristique des extrémités blanches. Ce ne sont là que deux cas particuliers qui ne peuvent donner qu'une faible idée de ce que fut l'effort des éleveurs pour obtenir un type idéal et bien défini. En 1862, une classe spéciale fut concédée aux Berkshire à l'Exposition de la Société Royale d'Agriculture ; en 1883, eut lieu une réunion des éleveurs, qui amena la création de la British Berkshire Society (en 1884) et celle du Pig Book (en 1885).

Nous citerons encore à ce propos quelques remarques

fort bien documentées de M. Edgard Humfrey sur les croisements pratiqués sur le Berkshire : « Le porc Chinois fut introduit en Angleterre, de Canton, sud de la Chine, en 1800 ; c'est un porc noir ou blanc, basané ou rouge ou brun, de petite taille, cou fort, chair délicate, se contentant de maigres pitances (Grazier, 1808). La peau est douce et le groin moyen, lorsque maigre, s'engraisse très vite, et comme coureur est précoce et donne une excellente chair (Professor Low, 1842).

Très tôt au siècle dernier, le porc Siamois fut importé de Siam et de Burma supérieur ; couleur noire, pieds blancs et corps bien proportionné, quoique peu grand ; poils doux sur une peau de riche teinte cuivrée, oreilles petites, courtes et droites. Tête longue et groin long et fort ; pieds plats, chair fine et délicate.

Le porc Napolitain, importé de Naples vers 1830, était issu du vieux porc Romain. Animal curieux de couleur gris noirâtre, corps court, longues jambes, front proéminent, oreilles petites, groin large et creusé.

En 1840, un Berkshire appartenant à un éleveur du Midlands est représenté comme étant de couleur brun rouge, taché de noir, poil ondulé, bon corps, jambes un peu courtes, ossature forte, mais pieds plats ; les oreilles droites, mais la tête longue et le profil rectiligne. Le professeur Low, dans son livre sur « Les Animaux Domestiques », paru en 1842, écrit que la race Berkshire est rustique et à encourager, mais que « les croisements Chinois et Siamois ont diminué la taille et l'embonpoint extrême ». M. Heber Humfrey, en 1886, déclare que l'amélioration ne consiste pas dans le croisement à outrance. En 1847, cite-t-il, on l'employa avec le Berkshire dans quelques troupeaux, et ce fut un désastre ; on y renonça. M. A.-B. Allen, en Amérique, rapporte que des Napolitains essayés dans ce pays en 1841 ne donnèrent aucun résultat satisfaisant.

M. Edgar Humfrey pense « que le Chinois ou Siamois, ou plus probablement les descendants d'un croisement entre eux furent utilisés à un degré limité et, dans le début du XIXe siècle, en croisement avec le Berkshire ». Quant au Napolitain, je n'ai pu trouver aucun trait dans les Berkshire de 1840 qui semble indiquer cette source, je suis donc en parfait accord avec nos auteurs modernes qui soutiennent que le Napolitain ne fut jamais très utilisé par les « éleveurs-améliorateurs ». Alors en 1840, le temps était ouvert pour le travail éminent des pionniers qui concentrèrent leurs efforts sur le progrès et le développement de la race depuis environ cette date. »

Depuis donc plus de soixante ans, l'on poursuit continuellement, d'abord grâce à l'initiative d'éleveurs éminents et convaincus, plus récemment avec l'aide de la British Berkshire Association, à fixer le type du Berkshire. L'apparition du Poland China en Amérique, entre 1845 et 1875, concurrençant le Berkshire dans ce pays, amena une recrudescence d'activité chez les éleveurs anglais, fournisseurs de ce continent, pour obtenir un type plus long et plus charnu, répondant mieux aux désirs des Américains. Dès lors, le mouvement s'est repris continuel pour perpétuer cette race maintenant un peu plus forte et large, sans y apporter toutefois d'autres modifications.

La date d'introduction de ce porc en Amérique est à peu près certaine aujourd'hui. Sir W.-E. Parroll rapporte que : « La race fut introduite pour la première fois en Amérique en 1825 et, depuis ce temps, a été élevée et améliorée dans ce pays. » Elle se répandit particulièrement aux Etats-Unis, au Canada (1838) et en Argentine. Nous extrayons de « L'Elevage des Porcs au Canada » de 1914 cette réflexion qui justifie bien de son importance en ce pays : « Un grand nombre d'éleveurs canadiens conservent encore le type à gros lard, tandis que d'autres s'attachent à perpétuer seulement les types les plus longs et les plus charnus de la race. »

La sélection et la fixation de la race, dont nous discuterons plus loin le but et la tendance, se pratiqua par l'achat régulier de reproducteurs purs et les méthodes personnelles des éleveurs. Voici ce qu'écrit Sir E.-M. Christen à ce sujet : « Il est presque impossible de répondre correctement à la question concernant l'origine de la sélection du Berkshire dans ce pays. La souche primitive, naturellement, vint d'Angleterre, et cette souche a toujours été conservée intacte dans notre pays. De ces importations primitives, des sélections furent pratiquées avec des importations faites de temps en temps de la vieille source fondamentale. Plus récemment, je crois, durant ces cinq ou dix dernières années, un certain nombre d'individus ont été amenés ici du Canada. Je pense qu'aucun animal d'importance (reproducteurs et verrats surtout) ne fut jamais introduit en notre région d'autres provenances que du Canada et de l'Angleterre. »

Sir W.-E. Parroll remarque à ce propos : « Durant ces dernières années, il y a eu un grand changement dans le type du porc (en Amérique). Les éleveurs de porcs Berkshire n'ont pas commencé la génération pour le type nouveau aussi tôt que la plupart des autres éleveurs, quoique en ce moment il y ait des troupeaux qui possèdent d'excellents représentants de type amélioré du porc Berkshire. Ce type est quelque peu plus haut sur pattes et le corps avec un dos moins rudement arqué que le type d'il y a quelques années. »

Nous voyons donc que la race s'est bien fixée et acclimatée en Amérique et que la sélection y fut excellente : cette dernière remarque de M. W.-E. Parroll est d'autant plus intéressante qu'elle concerne plus particulièrement la ferme de la Genevroye : les reproducteurs de cet établissement correspondent en effet à ce « new type » dont il est question : les pattes sont plus hautes, le ventre plus loin de terre, la forme du dos légèrement arrondie.

Des renseignements très précis nous sont encore donnés sur l'introduction de la race en Amérique par M. Edgard Humfrey : le premier troupeau Berkshire importé aux Etats-Unis fut acheté en 1825 par M. J. Brenthall. Il semble que ces animaux attirèrent favorablement l'attention et, durant les dix années suivantes, l'on pratiqua d'autres importations. En 1841, M. A.-B. Allen vint lui-même d'Amérique choisir

quelques élites de cette race et en devint un ardent partisan ;
c'est à lui que l'on doit la popularité du Berkshire dans
ce pays. Il faut associer à ce nom ceux des frères Hewer,
fils de M. W. Hewer qui, vers 1860, pratiqua le « dernier
croisement », c'est-à-dire utilisa des verrats du dehors
toutes les deux générations ; trois de ses fils émigrèrent
aux Etats-Unis en emmenant des Berkshire et y installèrent
un élevage qui prospéra rapidement. De 1864 à 1884,
M. H. Humfrey fut un grand exportateur vers l'Amérique
et le Canada, et envoya en 1878 un merveilleux jeune verrat
parfaitement taché ; l'année précédente, M. W. Hewer avait
exporté aux Etats-Unis un verrat remarquable et purement
taché, appelé « Royal Hopeful ». On cite encore parmi les
principaux éleveurs américains de cette race : MM. Cooper,
Smell, Fulford et Genty.

L'American Berkshire Association fut fondée en 1875,
son premier Herd-Book date de 1876. Les premiers volumes
concernant les animaux importés d'Angleterre furent l'œuvre
de M. H. Humfrey, représentant de l'Angleterre comme vice-
président de l'American Association, aidé de MM. Arthur
Stewart et R. Swamvick. En Angleterre, M. Humfrey mena,
en 1883 et 1884, une campagne pour la création d'une
« British Berkshire Association » et y réussit complètement
cette dernière année. Les deux Sociétés coopérèrent dans
les questions d'intérêts communs à partir de ce jour ; la race
était alors nettement déterminée.

Telles furent les différentes péripéties qui amenèrent
le type actuel du porc Berkshire Américain ; nous trouvons là l'exemple d'une race travaillée, approfondie, sur
laquelle les expériences furent nombreuses et suivies, œuvre
de longue haleine et de patientes recherches, et vers laquelle
nombre d'hommes désintéressés convergèrent leurs efforts.
C'est grâce à ces éleveurs éminents, mais trop peu connus
encore, et plus récemment à l'American Berkshire Association, que l'Amérique doit d'être dotée d'une race de porcs
remarquable à tous points de vue, dont nous allons donner
la description.

TYPE PHYSIQUE

Le Berkshire Américain se différencie du Berkshire Anglais particulièrement par la taille : il est plus long, plus charnu, mais aussi et surtout plus haut sur pattes ; de plus, le dos ne marque pas aussi nettement la ligne droite et se présente sous un aspect arrondi ; la voussure est une cause de disqualification.

Le type général reste cependant le même : le Berkshire est la représentation parfaite du type ultra concave, le groin est court, volumineux ; la mâchoire inférieure s'épaissit et s'allonge de manière à rejoindre la mâchoire supérieure au même niveau. Cette disposition amène naturellement le relèvement du groin, mais d'une manière moins accusée que le Yorkshire ; la forme de la tête est ramassée, courte par rapport à la longueur du corps, son épaisseur se perd dans la forme générale de l'animal et l'épaisseur du cou, ce qui donne l'impression que celui-ci a disparu et que la tête n'est que la continuation normale du corps. La mâchoire est puissante, la denture caractéristique : les incisives sont courtes et épaisses ; derrière, les canines, très développées chez le verrat, pouvant même sortir de la bouche sous forme de défenses facilement visibles ; les molaires, enfin, moins volumineuses, mais épaisses, solidement plantées et serrées entre elles. La tête est large entre les yeux et les oreilles, le groin de même ; les oreilles sont petites sans exagération, toutefois nettement latérales et bien écartées, de forme triangulaire, leur bord est frangé de poils ; elles doivent se tenir toujours droites, jamais tombantes, de direction presque verticale, un peu pointée en avant.

L'œil est petit, mais vif, nettement détaché sous l'oreille. Les joues sont larges, bien en chair, se perdant insensiblement dans la ligne du cou ; ce dernier doit être épais, court, souple et droit, sa partie supérieure prolongeant directement la courbe du dos et ne retombant qu'au niveau du crâne, de telle façon que la tête entière soit horizontale en sa position normale et naturelle, au lieu d'être inclinée vers la terre. Les épaules doivent être larges, le dos long, bien en chair, souple et légèrement arrondi, sans toutefois trace de voussure. La croupe est haute et très soutenue, la ligne du dos s'y perd en une descente douce et selon une inclinaison insensible. La fesse est souvent aplatie, mais cependant charnue et ferme, les jambons sont larges, épais et très bas : chez certains sujets, ils semblent masquer la forme du jarret. Les flancs sont larges, les côtes bien ouvertes ; on n'admet pas de plis sur les côtés qui doivent rester profonds et réguliers. Le ventre est épais, donnant à tout le corps une forme un peu cylindrique. La ligne du dessous est généralement droite, cependant chez certaines femelles déjà âgées, aux tissus dilatés par la parturition et l'allaitement, ou chez des sujets poussés à un engraissement intensif, on tolère l'obésité, sans excès néanmoins. La queue est attachée, haute, de longueur moyenne, bien munie de soies et pourvue d'un petit bouquet de poils blancs à son extrémité.

Les membres sont assez longs, d'apparence courtes vue l'ampleur des jambons, bien écartés le long du corps, très droits néanmoins, tombant régulièrement dans la direction de l'épaule et perpendiculaires à elle, plutôt solides qu'épais, des sabots presque droits, les sabots par trop inclinés étant considérés comme un défaut.

La peau est fine, peu épaisse ; la race pure n'admet pas de plis ; elle est élastique et susceptible de soutenir une forte quantité de viande. Le poil est noir, abondant, bien fourni, mais les soies restent toujours fines et longues, leur quantité donnent une couleur uniforme qui cache complètement une peau le plus souvent blanche. Les extrémités seules des membres, de la queue et du groin sont blanches. C'est là que se trouve la principale caractéristique du Berkshire, que l'on a pu décrire : un porc de robe noire aux extrémités blanches ; il y a là, certes, un caractère difficile à conserver, mais qui est, par cela même, un sûr garant de la pureté de la race : on ne doit pas admettre d'autres taches blanches sur le corps ; cependant

M. Dechambre remarque que : « une tache blanche sur le bras n'est pas considérée comme un défaut. » Le Berkshire Américain est particulièrement peu sensible à ce détail et l'on admet fort bien, aux Etat-Unis, quelques taches blanches sur la patte. Par contre on ne tolère pas un robe complètement noire ou des oreilles blanches ; les taches rousses du dos ou des flancs sont considérées comme un défaut ; mais il ne faut pas les confondre avec les beaux reflets cuivrés de la peau de certains animaux, particulièrement remarqués autour des oreilles, et qui, le plus souvent, ne font qu'augmenter la valeur de l'animal.

STANDARD DE LA RACE BERKSHIRE ANGLAISE

DOS : Long, régulier, côtes bien ouvertes.
COTÉS : Réguliers, profonds, sans plis.
JAMBONS : Larges et descendants jusqu'aux jarrets — queue attachée haut et assez grande.
VENTRE : Epais — ligne du dessous droite.
EPAULES : Légères, alignées avec les jambes en dessous et avec les côtés latéralement — bien inclinées en arrière — sans plis et élégantes.
FLANCS : Au niveau des côtés et fermes à la main.
TETE : Moyennement courte, face creusée (groin large) — large entre les yeux et les oreilles. Oreilles assez grandes, portées droites, légèrement inclinées en avant et frangées de soies fines — joues légères.
COU : Léger et bien d'aplomb sur les épaules.
JAMBES : Courtes, droites et fortes, bien écartées et les sabots presque droits.
OSSATURE : Fine.
VIANDE : Ferme sans excès de gras.
PEAU : Fine et sans plis.
SOIES : Longues, fines et abondantes.
COULEUR : Noire avec du blanc à la figure, aux pieds et au bout de la queue.
IMPERFECTIONS : Mâchoire de travers — crinière grossière — dos arqué.

STANDARD D'EXCELLENCE PORC BERKSHIRE

Adopté par l'American Berkshire Association

COULEUR : Noir, pied, figure et bout de la queue blancs, mais peau et poils montrant occasionnellement une nuance de couleur bronze ou cuivrée. Une tâche blanche accidentelle n'est pas répréhensible, le manque de quelqu'un des points blancs, admissible.

FIGURE ET GROIN : Figure plate et large entre les yeux ; groin court et large.

YEUX : Yeux bien sortis, sains, clairs, grands, noisette, sombres ou gris.

OREILLES : Grandeur moyenne, placées bien de côté, très droites, inclinées en avant, surtout avec l'âge.

JOUES : Pleines, fermes, ni flasques ni tombant trop bas ; descendant bien sur le cou.

COU : Plein, court et légèrement voûté ; large au sommet ; bien relié aux épaules.

POIL : Fin, droit, lisse, attaché solidement et couvrant bien le corps sans poils raides.

PEAU : Lisse et molle.

POITRINE : Profonde, pleine et large, avec une bonne sangle de cœur.

EPAULE : Lisse et unie au sommet et alignée avec le côté.

COTÉ : Profond, lisse, bien tombant ; lignes du côté et du ventre droites.

DOS : Large, plein, fort, un peu arqué, côte bien dirigée.

FLANCS : Continuant bien le dos et tombant sur la jambe, faisant presque une ligne droite avec la partie basse du côté.

REINS : Pleins, larges et bien couverts de chair.

JAMBON : Profond, large, épais et ferme, remontant bien vers le dos et conservant l'épaisseur en descendant au jarret.

QUEUE : Bien descendue sur la ligne du dos, jamais trop fine, courte ni pointue.

JAMBES ET PIEDS : Droits et forts, largement séparés, courts au paturon, avec sabots droits, pouvant supporter un grand poids.

TAILLE : Tout ce qui est possible sans perdre qualité ou symétrie, avec bonne longueur. Poids normal en bonne condition : Verrat de 12 mois, 350 à 450 ; à 24 mois, 500 à 800 ; Truies à 12 mois, 300 à 400 ; à 24 mois, 500 à 700. (Chiffres indiqués en livres : 453 grammes).

ASPECT ET CARACTERE : Vigoureux, attractif, de bonne humeur, mouvements sûrs et aisés.

La comparaison de ces deux standards marque nettement la différence des méthodes sélectives pratiquées en Angleterre et en Amérique. Dans le premier de ces pays on tient surtout à l'obtention d'un type sportif pur ; c'est pourquoi l'on exigea du Berkshire, comme des autres porcs anglais une rectitude de dos absolue, et un tachetage extrêmement rigoureux. Cette forme en rectangle que représentent bien les gravures anglaises se faisait souvent au détriment même du jambon vu la rectitude de la ligne de la fesse. De plus, étant destiné à un engraissement intensif et industriel, on chercha des pattes courtes, dont le peu de volume donnait à l'abatage un meilleur rendement.

La méthode Américaine, elle, fut plus pratique qu'esthétique : on chercha à obtenir un porc d'engraissement facile et rapide. On conserva certes la carcasse, mais non pas cette rectitude du dos, inutile et procurant trop de déchets à la sélection ; on préféra l'arrondir ainsi que la croupe et les cuisses pour obtenir un « porc à bacon » de valeur supérieure ; le tachetage ne fut plus considéré que en tant que gage de la pureté de la race : les taches accidentelles sont regardées comme un « accident » et non une disqualification ; en effet, la robe n'est pas l'indice que l'animal est excellent, elle montre simplement qu'il est pur ; dans le cas d'animaux inscrits, objet d'une sévère sélection, l'importance de ce caractère n'est plus que très relatif, ce qu'ont fort bien compris les Américains. Enfin ils ont allongé les pattes afin d'obtenir un porc qui s'engraisse non seulement vite, mais encore économiquement grâce à l'élevage en plein air, et avec un rendement d'abatage bien peu différent de celui du Berkshire Anglais.

Maintenant que nous avons vu les origines, la sélection et les caractères physiques du Berkshire Américain, nous pouvons nous demander quelles sont les qualités particulières qui le rendent avantageux et digne d'être introduit en France : ce sera l'objet du chapitre suivant où nous verrons comment, selon l'expression excellente de MM. Calvayrac et Chabrier « le Berkshire possède à lui tout seul les qualités particulières à nombre d'autres races prises séparément ». Nous donnons simplement ici l'avis de deux techniciens Américains : Mr. W. E. Paroll pense à ce sujet que « l'on sait naturellement que le Berkshire s'approche plus près du type porc à bacon que quelques races dominantes dans la région ; pour cette raison certains éleveurs et certaines parties de l'Amérique préfèrent le Berkshire aux autres races ». Sir E. M. Christen remarque que : « Il y a certains points où le Berkshire a toujours excellé ; le plus notable en est la qualité, procurant une chair d'un goût peu commun et d'une texture extra fine avec finesse et moelleux. Beaucoup de gens soutiennent que la chair d'un

animal bien préparé, est supérieure. Un autre point est que
la finesse et la solidité occasionnent un plus grand poids
par unité de taille qu'on le rencontre ordinairement dans
toute autre race.

Ces quelques renseignements peuvent sembler un peu
courts et vagues ; l'on y envisage surtout la qualité de la
viande et la beauté des jambons. Rien ou peu à propos de
la précocité, rusticité, etc... Ceci provient du fait que relate
M. E.-M. Christen : « Il faut dire d'abord que les éleveurs
de porcs des Etats-Unis ne cherchent pas à se quereller
entre eux. Cela tient à ce que chaque éleveur travaille en
trop profonde harmonie avec les autres et tente de montrer
la supériorité des races pures sur les sujets communs trop
souvent rencontrés, plutôt que de montrer leur supériorité
sur d'autres races. Je crois en fait, qu'un jugement entre les
races sous nombre de rapports ne montrerait aucun grand
avantage pour l'une quelconque des races. »

Nous voyons donc qu'il existe chez les éleveurs Américains un état d'esprit malheureusement trop rare encore en
France, tendant à se grouper pour travailler ensemble, tout
en agissant chacun dans sa sphère ; et cela sans chercher
à lutter ou à se concurrencer, tournés vers un même but :
le Progrès. Nous ne pouvons donc guère attendre en ce cas
de renseignements très précis sur la valeur du Berkshire.
MM. Calvayrac et Chabrier ont pu étudier sur place et se
créer une idée juste sur les races américaines ; c'est pourquoi, renonçant à chercher des renseignements que nous ne
pourrions obtenir convenablement en Amérique même, afin
d'autre part de bien rester dans le cadre de notre sujet qui
concerne spécialement la France, pour ne nous appuyer
enfin que sur les chiffres justes et résultant d'expériences
applicables à notre cas, nous remettons au chapitre suivant
l'étude particulière des qualités du Berkshire que nous
traiterons d'une façon tout à fait pratique, envisageant,
d'après ses qualités mêmes, le rôle possible de ce porc dans
une exploitation Française.

CHAPITRE II

Une Porcherie Berkshire

EN FRANCE

MM. Calvayrac et Chabrier ayant fait la majeure partie de leurs études pratiques d'agriculture en Amérique, ont trouvé dans ce pays nombre d'éléments nouveaux et perfectionnés qu'ils eurent l'intention d'importer, de pratiquer et de développer en France. Leur projet eut donc à la fois ce double mérite : en même temps qu'ils essayaient (et leur entreprise fut pleinement couronnée de succès) de monter une exploitation modernisée et perfectionnée selon les principes les plus logiques et les plus rationnels, MM. Calvayrac et Chabrier ont entrepris dans le but d'un intérêt plus général de doter le troupeau porcin Français d'éléments susceptibles de l'améliorer ; il convient donc de bien faire ressortir ce point de vue, d'intérêt national, pourrions-nous dire, envisagé à la Genevroye en tant que le Berkshire est considéré comme devant apporter en France toutes ses qualités intégrales, tant au point de vue croisement, qu'au point de vue race pure.

Afin de rendre plus claire cette étude qui doit envisager toutes les conditions de l'installation de la Genevroye, tant particulières que générales, nous nous poserons les deux questions suivantes :

1° Pourquoi une porcherie à la Genevroye et pourquoi tend-on vers l'élevage ?

2° Pourquoi préfère-t-on le Berkshire aux autres races Françaises et étrangères, et quels sont ses avantages pratiques pour la Genevroye ?

I

UNE PORCHERIE D'ELEVAGE

Nous n'avons pas l'intention de développer les avantages économiques de la spéculation porcine dans tous ses détails, ce qui est l'œuvre propre des livres spécialisés sur ces questions, nous envisagerons donc uniquement les avantages que ce genre d'exploitation procure à la Genevroye, d'où découlera naturellement, et sans qu'il soit besoin d'y insister, des conclusions pratiques pour toutes exploitations où se rencontreront les cas particuliers que nous allons étudier.

Laissant au choix de la race, de prime importance ici, un paragraphe spécial, nous poserons ici les deux questions suivantes : Pourquoi une porcherie à la Genevroye et pourquoi une porcherie d'élevage ?

Dans toute ferme mixte l'on a coutume de chercher son bénéfice à la fois dans la culture et dans l'élevage : cependant assez souvent l'exploitant se tournera, selon la région qu'il habite et son goût particulier, vers l'une ou l'autre spéculation principalement : c'est le cas de la Genevroye. La médiocre qualité des terres rendait insuffisamment avantageuse la vente directe des produits et la culture intensive pure, aussi MM. Calvayrac et Chabrier préférèrent-ils s'adonner, presque exclusivement à l'élevage.

Ceci posé nous pouvons demander : Pourquoi l'élevage du porc plutôt qu'un autre ? Nous n'aurions ici à envisager cette spéculation particulière que par rapport à la spéculation de la vache laitière et du mouton, les plus habituelles dans une ferme, l'élevage du cheval réclamant des conditions plus particulières, et celui des volailles existant déjà dans cette ferme.

On a déjà tenté à la Genevroye de créer une vacherie, cependant on ne peut compter avoir de ce côté une exploitation aussi intéressante à créer en grand que la porcherie : cette spéculation, en effet, demande des prairies naturelles (ce qui manque totalement à la Genevroye et rendrait par là même impossible l'élevage intensif du cheval), et artificielles très étendues pour fournir la pâture d'été et le foin d'hiver ; des soles de betteraves aussi pour obtenir les racines ou les pulpes nécessaires. Le porc, au contraire, exige une nourriture plus concentrée, facilement obtenue avec les grains ou leurs résidus (orge et son) ; l'herbage est exigé en quantité moindre puisqu'il ne forme pas la base de la nourriture, mais un supplément économique et indispensable à la bonne santé des sujets. On a donc besoin d'une alimentation moins volumineuse (le porc a une capacité d'ingestion assez restreinte) et d'autre part facilement importable. Le débouché enfin est plus facile ; le lait serait payé ici un prix insuffisant, vu la distance des centres laitiers, et, vendu dans le pays même, l'on serait obligé de le livrer à un prix inférieur à la normale des grands débouchés.

Le mouton ne pourrait guère réussir à la Genevroye vu le climat rigoureux ; obligatoirement conservé en partie à la bergerie, il nécessiterait des soins particuliers et délicats et une main-d'œuvre plus complexe qu'un élevage de porcs en plein air. Enfin lui aussi exigerait des pâturages plus nombreux et une alimentation composée d'une certaine quantité de racines. Or, comme nous trouvons que les céréales priment dans l'assolement et réussissent mieux que les betteraves, l'on trouvera dans le porc le meilleur utilisateur des graines récoltées et dont les besoins conviennent particulièrement aux produits des terres de la Genevroye.

Au point de vue du capital d'exploitation, l'on a coutume de remarquer le peu d'exigence du porc. Ici particulièrement, grâce au choix d'une race rustique et à la pratique de l'élevage au grand air, les frais d'installation sont réduits au minimum. La facilité d'assimilation du porc et son rapide engraissement, d'autre part, réduisent le capital alimentaire que l'on doit engager. Enfin et surtout, la rapidité de sa croissance et de son utilisation procurent un amortissement plus rapide, un bénéfice plus fréquent, et partant un capital total (d'achat et d'entretien) plus réduit.

A la Genevroye cet argument ne peut certes jouer dans toute son ampleur, vu le prix d'achat onéreux des animaux à l'étranger ; pourtant si l'introduction des reproducteurs exige une mise de fonds considérable, il faut avouer qu'elle est compensée d'une manière générale par les économies précitées ; d'une manière plus particulière par la rusticité du Berkshire qui évite de nombreux frais d'entretien, de

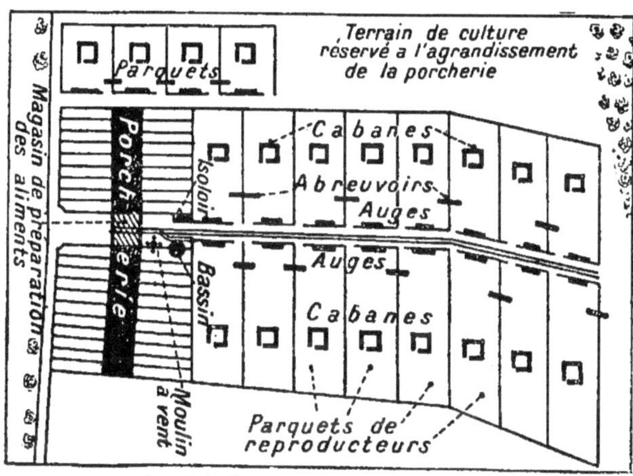

Plan de la Porcherie et des Parcs d'élevage.

main-d'œuvre, de médecine et assurances, et la précocité qui, ajoutée à la facilité d'absorption, procure un amortissement plus rapide et économique de l'animal. Et comme les produits de l'élevage sont vendus à un taux supérieur à la moyenne, que le bénéfice en est donc excellent, l'on voit que les débours considérables pour les achats sont tout au moins en partie, compensés par les économies réalisées sur les animaux introduits.

Le fumier produit par le porc est souvent considéré dans une ferme comme un inconvénient lorsque employé intégral et sans mélange, en tant qu'il est froid ; ce n'est pas là cependant un grave défaut lorsqu'on a l'habitude de l'utiliser. A la Genevroye, vu la situation de la porcherie, il est nettement séparé du fumier ordinaire, on l'épand seul et longtemps à l'avance ; ainsi son action se fera normalement sentir lors du semis, et qui mieux est, se continuera aussi longtemps, mais plus régulièrement que le fumier de ferme. Il n'y a donc que l'ennui de faire deux labours : le premier est léger et peut être remplacé par un scarifiage ; il servira à enfouir le fumier ; le second sera destiné au travail du sol proprement dit. Etant donné enfin l'action lente de ce fumier, on en mettra de grandes quantités :

	Mat. Sèche	Azote	P^2O^5	K^2O
Fumier de porc..........	27,2	0,45	0,20	0,60
— de ferme frais.....	25,»	0,39	0,18	0,45
— de ferme consommé	25,»	0.50	0,26	0,53

Ce tableau montre que le fumier de porc, employé seul est intermédiaire entre les fumiers de ferme frais et consommés, les doses étant employées plus fortes vu son action lente, et l'enfouissage ayant lieu de bonne heure, on obtient facilement une fumure équivalente à celle du fumier ordinaire. Le porc ne se montre donc pas inférieur quant au fumier qu'il produit, il suffit de savoir manipuler cet engrais.

Notons qu'à la Genevroye la teneur du fumier de Berkshire peut être considérée comme supérieure à celle indiquée dans ce tableau, vu l'excellence et la richesse de l'alimentation.

Le rapport même du porc au point de vue vente n'est plus à étudier : c'est l'animal qui profite le mieux des aliments mis à sa disposition, et si deux seuls facteurs peuvent en anéantir l'intérêt, les frais d'entretien et la maladie, ils sont soigneusement évités à la Genevroye par la pratique de ce système en plein air, une hygiène soutenue et une race rustique. Le choix de la race ayant de plus porté sur un animal facile à élever, nous n'insistons pas sur ce facteur *a priori* évident dans une exploitation bien tenue. Nous noterons simplement les deux points suivants : d'abord le

Berkshire à l'heure actuelle même, par ses qualités personnelles, permet un bénéfice appréciable tant au vendeur qu'à l'acheteur, malgré sa valeur numéraire élevée ; ensuite il s'amortit vite, formant un capital à gros intérêt à échéance courte ; c'est là une qualité déjà envisagée au point de vue du capital d'exploitation, et non l'une des moindres.

Il y a trois sortes de porcheries : celles d'élevage, celles d'engraissement et les porcheries mixtes. Pourquoi MM. Calvayrac et Chabrier ont-ils préféré la première forme ?

L'engraissement seul exige des bâtiments et une installation coûteuse lorsque pratiqué sur une grande échelle, une main-d'œuvre nombreuse, une alimentation à base de sous-produits, toutes conditions contraires au but économique et pratique que l'on se proposait à la Genevroye. Le système mixte exige aussi une mise de fonds coûteuse en bâtiments, un personnel plus nombreux, des soins encore plus délicats, et tous les ennuis réunis des deux spéculations. Enfin, le rapport de ces deux spéculations était loin d'équivaloir celui que peut apporter un élevage pur bien conduit.

Par le choix même du Berkshire dicté, nous l'avons déjà dit, par une intention d'intérêt national, intention suscitée par les qualités d'une race intéressante à l'heure présente et destinée à le devenir plus encore ; l'élevage était la seule spéculation possible : il réalisait l'intention d'accroître l'élevage de ce porc en France, en même temps qu'il récupérait les sommes dépensées pour l'achat des reproducteurs. Il permet l'élevage continuel en plein air, le plus économique, le plus simple et le plus hygiénique, et que pratiquent MM. Calvayrac et Chabrier. Il répond enfin le mieux aux exigences et à la situation de la ferme.

Maintenant que nous avons envisagé les raisons qui poussèrent à la création d'un élevage porcin à la Genevroye, nous devons nous tourner vers le facteur le plus original et le plus important : le choix de la race.

II

QUALITES DU BERKSHIRE

« Si certaines races de porcs possèdent quelques-unes des qualités du Berkshire Américain, aucune ne les réunit toutes à la fois. » Cette appréciation de MM. Calvayrac et Chabrier justifie pleinement le choix qu'ils ont fait de cette race. On trouve en elle toutes les qualités que l'on a recherchées dans l'amélioration rationnelle des porcs, mais que seuls les éleveurs Américains arrivèrent à réunir dans quelques types parmi lesquels se place nettement le Berkshire : rustique, précoce, prolifique, d'engraissement facile, de fort rendement à l'abatage, il possède une chair de qualité supérieure. Avec toutes ces qualités il ne peut donc qu'être assuré d'un bel avenir en France, et son élevage est appelé à prédominer dans nombre d'exploitations ; c'est pourquoi MM. Calvayrac et Chabrier n'ont pas hésité à entreprendre cette œuvre onéreuse et hardie, d'introduire en France une race peu exploitée et encore mal connue.

Réservant au dernier chapitre l'étude des qualités du Berkshire au point de vue général et français, nous traiterons ici de ces mêmes qualités, en tant que particulières à l'animal et avantageuses à la Genevroye.

Rusticité. — C'est la qualité la plus appréciée à la Genevroye puisque l'on cherchait un élevage en plein air susceptible de se poursuivre durant toute l'année. Le Poland-China fut éliminé pour cette raison, sa sélection ayant été trop poussée vers l'engraissement au dépens de la vigueur primitive de l'animal que l'on regarde maintenant comme secondaire. « On s'attacha à développer le tronc, à réduire les membres, à pousser davantage l'engraissement. » (L'élevage des porcs au Canada). Le Berkshire purement anglais, d'autre part, ne pouvait non plus convenir : sa faible hauteur sur pattes ne lui permettant pas de rester dehors por temps trop froid, alors que le Berkshire Américain, grâce à ses hautes pattes et à sa vigueur, patauge dans la neige toute la journée, en plein milieu de l'hiver, sans être le moins du monde incommodé. Les Normands ou les Craonnais, quoique aimant la vie au grand air et la supportant bien, n'accepteraient pas une telle vie continuellement, quelque soit le temps, dans une pâture avec un simple abri en planches.

Le Berkshire Américain, lui, s'est révélé d'une rusticité extraordinaire : le simple fait que la traversée d'Amérique en France s'est toujours effectuée sans accident suffirait déjà à en donner l'assurance. La vie au grand air ensuite le prouve complètement ; l'on voit durant les journées les plus rigoureuses de l'hiver, verrats et truies, jeunes et adultes se promener à travers la neige, même sans que jamais un seul cas de congestion se soit produit ; l'été, l'on trouve peu d'ombrage derrière les simples cabanes de bois, mais grâce à la couleur noire de leur robe (mélanine) les porcs ne souffrent pas du soleil, et les cas d'insolation sont rares, alors qu'ils seraient continuels chez des porcs blancs élevés dans les mêmes conditions. Jamais enfin on ne fait chauffer la nourriture, le Berkshire l'acceptant froide, hiver comme été. C'est là certes une question d'entraînement et les porcs de la Genevroye n'en ont jamais souffert, cette pratique ayant le double avantage, si d'une part les aliments sont un peu moins facilement assimilables et si une partie des calories est employée à la nutrition, d'économiser dans une large mesure main-d'œuvre et combustible, tout en conservant de plus en plus accentuée la rusticité des animaux. Enfin d'une rusticité ainsi poussée, découle une faculté de résistance à la maladie fort appréciable : durant 5 ans, c'est-à-dire la création même de l'élevage, ni épizootie, ni endootie n'est venu atteindre le troupeau même partiellement.

La question de rusticité est bien, nous le voyons, primordiale à la Genevroye : elle permet un élevage facile, réduit les frais de main-d'œuvre et d'entretien, évite tous risques de maladies et réduit au minimum (l'on peut presque dire à zéro) les pertes d'animaux. Enfin elle est absolument obligatoire au point de vue climatérique, vu la situation en plein nord de la ferme, donc exploitation assez rude qui ne peut convenir à toutes les races. Le Berkshire accepte néanmoins très bien cette orientation.

Précocité. — Elle est excellente chez le Berkshire. C'est la qualité que l'on rencontre communément dans la plupart des races perfectionnées, car c'est l'une des plus faciles à obtenir. Les éleveurs ont pour cela deux moyens à leur disposition : l'alimentation et la date des premières saillies. L'alimentation donne des sujets bien conformés de bonne heure, donc aptes à la reproduction de plus en plus tôt ; en rapprochant les dates de la première saillie, à mesure des générations, on arrive facilement à obtenir une précocité très suffisante.

Nous ne comparerons donc pas cette qualité que l'on rencontre maintenant assez communément. A la Genevroye, on tend à la maintenir le plus possible, sans exagérer cependant. En effet, on estime que si le Berkshire est susceptible d'être livré à la reproduction dès 7 ou 8 mois, il serait cependant dangereux d'y soumettre les animaux de cet âge, leur formation n'étant pas assez nettement établie et la période de croissance continuant encore. D'après Crevat en effet, celle-ci se prolonge jusqu'à 8 mois. Cependant attendre trop serait laisser improductif un capital en pleine vigueur, et risquer de compromettre la précocité même de la descendance. C'est pourquoi on fixe entre 9 et 10 mois l'âge des premières fonctions génésiques tant chez le mâle que chez la femelle ; les animaux à cet âge, vu la précocité de la race, sont suffisamment bien formés et l'habitude de livrer à la reproduction au même âge donne à la race la faculté héréditaire de s'accommoder de cette pratique.

La précocité au point de vue engraissement est aussi des plus remarquables. Normalement un porc de 6 mois bien poussé fait ses 100 kgs. Ce résultat relève certes de la faculté d'engraissement du Berkshire, mais il est de beaucoup favorisé par la précocité de l'animal. Alors qu'un porc ordinaire, bien préparé commence son engraissement vers 6 mois, le Berkshire Américain, lui, l'a déjà terminé. La pratique des coureurs ou nourrains, telle qu'on l'adopte en Seine-Inférieure, sur la race de Large-White, pratique que M. Dechambre estime la meilleure, ne procure à 5 mois que des animaux de 45 à 50 kgs, c'est-à-dire « bien en chair » et prêts à être engraissés ; l'on obtient 100 kgs vers le 8e mois environ. Ici dès le 2e mois les animaux sont habitués à la vie du parc et se conservent « en chair » durant leur croissance. A 4 mois l'on a un animal arrivant à peser de 45 à 55 kgs. Un engraissement de deux mois suffit à faire doubler l'animal de poids, car le Berkshire à l'engrais produit sans difficulté son kilo de viande par jour et le dépasse souvent même à la fin.

C'est pourquoi on tient beaucoup à maintenir cette précocité extraordinaire qui, jointe à la pratique de la vie au grand air des gorets, fait du Berkshire l'animal rêvé pour un engraissement rapide et facile. Aussi tend-on à la Genevroye à maintenir et à amplifier même, cette qualité du Berkshire, d'abord au point de vue élevage, ce qui procure un intérêt immédiat pour la production, ensuite au point de vue engraissement, ce qui est d'un intérêt plus lointain mais non des moindres, car l'élevage du porc a pour but l'engraissement, il ne faut jamais l'oublier, et les efforts entrepris par MM. Calvayrac et Chabrier pour répandre en France la race Berkshire nécessitent avant tout que cette race soit précoce pour un bon engraissement, et comme, ainsi que nous l'avons montré par quelques chiffres, le Berkshire Américain possède cette qualité à un degré rare, il faut toujours, ainsi qu'on le fait à la Genevroye, tendre à la conserver intacte et à l'amplifier ; c'est ce que l'on obtient facilement sur des sujets d'élite, par une alimentation rationnelle et saine et un élevage soigneusement réglé.

Prolificité. — Elle est très satisfaisante chez la truie Berkshire ; une moyenne de 9 est la plus normale dans une porcherie ; on arrive certes à plus ; mais si l'on obtint

18 petits en une seule portée à la Genevroye, ce n'est là qu'une exception. Par contre, il faut remarquer que les portées inférieures à 7 sont rares, ce qui indique chez le Berkshire une constance très appréciable de la fécondité.

MM. Calvayrac et Chabrier s'efforcent encore, par une sélection méthodique, laborieuse et sévère, d'augmenter cette prolificité qui, tout en procurant des bénéfices immédiats par l'obtention d'un plus grand nombre de sujets, ajoutera encore une qualité des plus appréciables à la race ; on arrive ainsi maintenant à obtenir de 10 à 12 porcelets, et, en persévérant dans cette voie, et il faut espérer que les éleveurs suivront dans ce sens l'exemple de la Genevroye, l'on acquerra ainsi à la race Berkshire une valeur encore plus remarquable.

Facilité d'Engraissement, Rendements, Qualités de la chair. — Ce sont là des qualités que nous avons étudiées précédemment ; leur intérêt n'est qu'indirect à la Genevroye, c'est-à-dire qu'il n'est pas utile en tant que spéculation, puisque les sujets ne sont que rarement engraissés, mais il assure des débouchés et l'extension de la race.

Il est peu de races en France, on peut le dire sans danger de contradiction, dont les sujets réalisent une croissance de 1 kg 250 à 1 kg 500 par jour comme il est courant chez le Berkshire pour 5 à 6 kgs de nourriture, et sans que cela nuise en quoi que ce soit à sa santé : c'est donc l'animal qui, pratiquement, est susceptible de donner les meilleurs rendements en le moindre temps et avec le moins de nourriture, dans les conditions les plus économiques : le Berkshire, de ce point de vue, ne peut qu'être appelé à être fort recherché et prisé des porcheries d'engrais : c'est là encore une raison qui poussa MM. Calvayrac et Chabrier à choisir cet animal entre tous.

Les rendements à l'abatage, que l'on estime varier entre 80 et 85 %, ont fait de lui actuellement un animal extrêmement recherché des charcutiers : tout en lui est consommable, les os sont solides, mais petits, la viande épaisse, sa graisse ferme, sa couenne fine, d'où avantage d'une part

Vue des bâtiments de la porcherie ; à chaque loge correspond un parquet extérieur fermé.

Intérieur de l'une des ailes de la porcherie ; au centre, un long couloir desservant les auges.

pour l'engraisseur à qui le poids vif sera payé plus cher, et d'autre part pour le charcutier, qui trouvera très peu de déchets.

La qualité de la chair est très appréciée et susceptible de plaire en France. Nous envisagerons dans le dernier chapitre la question de la couleur de l'animal au point de vue vente.

Actuellement le prix d'achat de l'animal est élevé, vu. l'obligation d'acheter les animaux en Amérique, d'où influence des cours du change et frais importants pour le transport des animaux. Pourtant nombre d'éleveurs et d'engraisseurs y trouvent encore, malgré ce prix, un bénéfice supérieur à celui réalisé avec d'autres races : c'est que l'économie de main-d'œuvre, de soins, de nourriture et de temps compense notablement la différence des prix d'achat. Lorsque plus tard encore, nos besoins de l'étranger seront restreints, et que l'œuvre vaillamment entreprise par MM. Calvayrac et Chabrier sera pleinement réalisée, c'est-à-dire que l'on trouvera le Berkshire en France à meilleur compte, les qualités de l'animal pourront jouer dans toute leur ampleur, et l'on pourra apprécier complètement le résultat économique avantageux que peut procurer la spéculation du Berkshire.

Car le but de MM. Calvayrac et Chabrier ne serait pas atteint si cet animal ne possédait pas cette qualité éminente de ne pas dégénérer : la rusticité de la race qui lui permet de vivre sous tous les climats, sa résistance aux agents extérieurs sont autant de protection contre la dégénérescence, une sévère sélection, pratique malheureusement trop méconnue encore en France, et de temps à autre quelques achats de reproducteurs américains, suffiraient à doter notre pays d'une race parfaite et fixe. La pureté en est facile à conserver, le dos arrondi du Berkshire Américain demandant une moins rigoureuse élimination de sujets, les autres qualités se fixant par la sélection. A l'appui de cette opinion, donnons trois exemples frappants : D'abord le Berkshire Américain est un animal améliorateur, ainsi que l'indiquent toutes les expériences faites à ce sujet : il revivifie les races épuisées et par certains croisements donne des métis très féconds : porcs de Bayeux. Ensuite, exemple plus particulier, la Genevroye achète parfois des truies issues de sujets vendus à des clients, afin de livrer ces truies à la reproduction. Enfin le Berkshire est lui-même d'origine anglaise : il a su s'acclimater si bien dans toutes les parties de l'Amérique que l'on a pu lui conserver son type physique pur (les quelques variations au point de vue dimensions étant purement sélectives) et ses qualités, au point de former une race complètement indépendante, fixée et se suffisant à elle-même : il y a donc beaucoup de chance pour que cet animal, si accommodant quant au climat, et si constant quant à sa résistance, se conserve pur et sans dégénérer en France, ayant déjà fait ses preuves sous des climats divers et extrêmes.

Nous pouvons donc comprendre maintenant l'idée hautement bienfaisante de MM. Calvayrac et Chabrier : répandre en France une race porcine aux qualités éminentes de précocité et de fécondité bien soutenue, de rusticité poussée à l'extrême et d'engraissement facile, rapide et économique ; c'est là, en plus de l'intérêt particulier que présente la spéculation proprement dite, le motif primordial et initial du choix de la race : la raison d'être de l'exploitation.

CHAPITRE III

Généralités

Il est du plus haut intérêt de connaître exactement l'exploitation de la Genevroye afin de pouvoir relier la spéculation porcine à la ferme elle-même lorsque dans le cours de notre étude ce besoin s'en fera sentir. Cependant nous n'avons pas l'intention d'étudier à fond la culture et l'élevage général du domaine ; nous ne ferons qu'en ébaucher les grandes lignes.

Le domaine de la Genevroye appartient à Mrs Calvayrac et Chabrier ; ainsi qu'une autre ferme à quelque distance, spécialement réservée à la culture et dans les détails de laquelle nous n'aurons pas à entrer. La Genevroye poursuit deux spéculations principales : la volaille et le porc Berkshire.

La construction de la ferme mérite tout d'abord notre attention : extrêmement endommagée durant la guerre, il fallut reconstruire la presque totalité des bâtiments, ce qui permit aux hardis et clairvoyants novateurs que sont Mrs Calvayrac et Chabrier, de reconstruire sur des plans entièrement nouveaux et réunissant tous les perfectionnements désirables. La simplicité la plus pratique en est la nette caractéristique : la cour régulièrement carrée et de dimensions réduites se trouve complètement close, reliée à l'extérieur par une large porte cochère. L'habitation et les bureaux sont de ce même côté, surveillant toute la cour d'une part, les exploitations extérieures d'autre part, c'est-à-dire les parcs à volailles et la porcherie, l'entrée même de la ferme enfin.

Une forte ampoule électrique sur réflecteur mobile permet la nuit, d'inspecter tous les alentours de la maison. Dans la cour même, outre une vacherie moderne au sol carrelé, à la disposition dos à dos, se trouvent plusieurs hangars abritant le tracteur, le moteur, les accumulateurs, etc... Toutes ces pièces rectilignes, au plancher bitumé, aux murs blanchis à la chaux dénotent un éminent souci d'hygiène et de pratique. L'électricité est fournie par accumulateurs, et tout le confort moderne se trouve réuni : salle de bains, installation téléphonique, poste de sans fil. Chaque pièce enfin est munie du chauffage central.

Tout le personnel (sauf le porcher et sa famille qui habitent Rocourt) est logé à la ferme même : c'est pourquoi nous avons tenu à insister sur les agréments de l'habitation, qui semble à l'heure actuelle, un des plus sûrs moyens de retenir son personnel ; l'on trouve à la Genevroye toutes les commodités de la ville, dans une atmosphère de douce et calme intimité, tout ce qui incite à rester attaché à l'exploitation agricole qui sut vous la procurer.

Voyons donc maintenant la spéculation agricole proprement dite.

La situation du domaine de la Genevroye est à ce point de vue assez particulière : Pour bien se rendre compte de cette situation il faut remarquer que le domaine comporte, à côté même de la culture proprement dite une importante partie sylvicole : la ferme possède 300 h. de cultures, la propriété privée lui adjoint 600 h. de bois : c'est donc à proprement parler une propriété dont le premier but fut l'agrément : la chasse, type modèle des propriétés domaniales d'autrefois. Ce bois n'apporte aucun avantage à la ferme, au point de vue situation en tant qu'il la laisse découverte aux vents froids du Nord en plein rebord de plateau ; et la proximité de ces mêmes bois amène l'invasion d'animaux plus ou moins nuisibles depuis les petits rongeurs jusqu'aux sangliers mêmes. Cependant on peut y trouver une matière première excellente et à bon compte, ce qui explique la fréquence de la construction en bois dans toute l'exploitation : on trouve là pour monter la porcherie, d'excellentes poutres peu coûteuses, facilement remplaçables demandant peu de frais de fabrication ou de montage, c'est donc là, en plus de l'exploitation sylvicole même, une source intéressante d'économie.

Tous les terrains de la ferme où l'on pratique l'élevage et les bâtiments eux-mêmes, se trouvent sur le bord d'un plateau exposé directement au Nord. Le sol est argilo-calcaire, un peu siliceux sur un sous-sol marneux, la terre arable atteint une épaisseur de 40 à 50 cms mais on ne dépasse pas 25 cms dans les labours. On compte 90 h. de prairies artificielles, et 210 de cultures ; pas de prairies naturelles. La valeur de ces terres ne dépasse pas la 2e catégorie quoique imposées pour la première. L'assolement est assez particulier vu le besoin d'orge pour l'exploitation porcine. Les soles sont de 35 hectares et se succèdent : betteraves, blé, avoine, luzerne, blé, orge. On ne fait pas de pommes de terre pour l'alimentation des porcs.

A un point de vue plus général, la Genevroye se trouve assez bien située : elle dépend du petit village de Rocourt-Saint-Martin, dont les premières maisons sont à 200 mètres environ. Celui-ci est relié à la commune de Coincy (Aisne), à 3 kilomètres. La route nationale Paris-Château-Thierry passe au-dessous du domaine à une distance d'une centaine de mètres et lui est reliée par un chemin particulier ; de plus, un autre chemin qui n'est guère praticable aux automobiles, relie la ferme à Coincy même à travers le bois. Donc, pour les communications routières, l'exploitation se trouve dans une bonne situation avec des routes très bien entretenues.

Malheureusement il faut moins se louer des communications ferroviaires. A Coincy est la gare d'un petit chemin de fer départemental, faisant le va et vient entre La Ferté-Milon et Château-Thierry et qui rejoint la grande ligne de Paris, gare de l'Est. Il faut lui reconnaître l'avantage de posséder un vaste hanger couvert abritant bien les marchandises en souffrance.

Il n'y a naturellement pas de rivières utilisables dans le

voisinage immédiat de la ferme ; l'eau, qui provient de sources, est captée dans des réservoirs. Deux béliers alimentent une partie de l'habitation et les parcs à volailles. Un puits dans la ferme supplée grâce à une éolienne. Une même installation dessert uniquement et complètement la porcherie.

L'électricité est produite à la ferme même par un moteur à huile lourde Ballot, de 12 chevaux.

On concentre cette électricité dans une batterie d'accus qui la distribue dans tous les bâtiments immédiats autour de l'habitation. Ce système est de beaucoup préférable à toute prise directe au secteur, qui nécessiterait une installation coûteuse à monter et à entretenir, avec un coefficient de perte déjà notable du transformateur et risque d'accidents sur le parcours.

Le service extérieur est assuré par un camion Renault 5 tonnes. Le cheptel vivant, outre l'élevage avicole, comporte 20 chevaux Ardennais et 100 à 150 porcins reproducteurs ; on cherche à obtenir une moyenne de 300 à 325 porcs adultes.

CHAPITRE IV

Bâtiments

Les bâtiments de la Genevroye sont, avons-nous dit, de construction récente. De tous, la Porcherie au premier abord, présentait les plus grandes complications. Alors qu'une écurie, une vacherie, une remise ou un poulailler se montrent couramment sous l'aspect le plus simple et le plus rustique, la porcherie, vu le nombre et la séparation des cases, demande une structure proportionnellement plus compliquée. Le facteur qui prima ici fut le facteur économique.

Nous avons dit que le Berkshire était un animal extrêmement rustique ; il y avait là de quoi faciliter la tâche, puisqu'il ne demandait qu'un logement propre, sans confort spécial. D'autre part, la spéculation poursuivie étant l'élevage, la porcherie ne sera plus que d'une utilité restreinte, servant seulement à abriter les reproducteurs : verrats ou truies en gestation et quelques rares sujets, déchets de la sélection, conservés pour l'engraissement. Tous les autres porcs seront logés dans des cabanes en plein air, dans des champs clôturés où ils pourront, durant toute l'année, conserver ou accroître leurs qualités si appréciables de rusticité. Nous aurons donc deux sortes de bâtiments bien distincts dans l'élevage de la Genevroye : la porcherie proprement dite et les parcages.

Il est certain que ce genre de construction pourrait paraître bien spécial vu la race de porcs qu'elle abrite ; pourtant c'est là un modèle de porcherie à établir pour tout établissement où l'on pratique l'élevage. Les parcages sont remarquables de simplicité et de commodité et conviendraient fort bien à tout élevage de races rustiques étrangères ou françaises. Il y a donc là d'intéressants renseignements à recueillir.

La porcherie proprement dite est le modèle le plus parfait et le plus recommandable au point de vue éclairage et aération. On lui reproche parfois son coût de construction un peu élevé ; nous verrons comment ici l'on a remédié à cet inconvénient. Nous envisagerons donc toutes les particularités de cette installation complète, non seulement au point de vue de l'intérêt particulier qu'elle présente à la Genevroye, mais encore et surtout au point de vue de l'intérêt général qu'elle offre par les suggestions pratiques qui découlent de cette étude.

I. — PORCHERIE

Situation et aspect général. — La porcherie est située à une trentaine de mètres à gauche de l'entrée de la ferme, ce qui procure nombre d'avantages : d'abord d'empêcher les odeurs de pénétrer jusqu'à l'habitation, ensuite de ne pas encombrer la cour par le va et vient, et d'être d'abord très facile, la distance n'étant pas excessive, le transport de la nourriture s'en trouve peu gêné, et d'autre part l'enlèvement du fumier est facilité par la proximité même des champs. Cela certes empêche le mélange sur une fumière commune, mais vu le nombre restreint de bétail ovin et chevalin et la différence d'action du fumier de porc par rapport aux deux autres, il n'est pas désavantageux d'éviter le mélange.

La situation au point de vue terrains est de même excellente ; d'une part la porcherie se trouve en hauteur par rapport aux terres environnantes, ce qui empêche l'excès d'humidité par accumulation d'eau ; d'autre part le terrain tout autour est argileux, donc propice aux pâtures et à la création de prairies artificielles, que les porcs estiment et utilisent si bien.

L'exposition de la porcherie était rendue désavantageuse du fait qu'elle se présentait à tous les vents sans aucun abri. L'on remédia de la façon la plus parfaite à cet inconvénient par le genre même de la construction : on plaça toute la longueur du bâtiment dans le sens Est-Ouest. Ainsi la moitié des cases se trouvait exposée au Midi, situation qui permet l'hiver d'avoir le peu de soleil qui apparaît, à n'importe quel moment de la journée ; l'autre moitié regarde le Nord, situation nettement désavantageuse durant l'hiver ; un éclairage supplémentaire par des fenêtres ouvertes au Midi, à même le toit, aère en même temps les cases exposées au Nord ; ces fenêtres joignent le petit toit du côté Sud au grand toit du côté Nord, juste à l'alignement le long du couloir des cases exposées au Midi ; le soleil pénètre ainsi toutes les cases durant tout le jour et d'une manière égale. En tenant closes les fenêtres du Nord, on arrive ainsi l'hiver à obtenir une orientation parfaite. Par contre l'été une telle orientation risque de provoquer une chaleur excessive ; mais il faut remarquer que ces ouvertures sont petites et que les porcs peuvent se mettre à l'abri dans leur case si la température les incommode dans les parcages.

Construction. — La porcherie fut construite sous la direction d'un Ingénieur américain et selon les données les plus récentes et les plus perfectionnées. C'est le facteur économie qui présida à son établissement ; c'est pourquoi on la fit entièrement en bois, sur sol cimenté, et sous toiture de planches recouvertes en rubéroïde, genre de carton bitumé très résistant.

Sa construction est remarquable de simplicité et de robustesse ; le choix du bois comme matériau fut dicté par le facteur économique précité, du fait même de l'étendue des bois de la Genevroye où l'on pouvait trouver facilement et à bon compte la matière première, enfin par la facilité de l'installation qui permit de la faire exécuter par le personnel même de la Genevroye. On a coutume de faire quelques objections à l'emploi de ce matériau : sa combustibilité d'abord, les assurances ne voulant pas s'engager pour des bâtiments tout en bois, mais ici les dangers d'incendie sont réduits au strict minimum par l'isolement de la porcherie ; son peu de durée aussi, mais avec un bon entretien, de bonnes désinfections, un renouvellement régulier de la peinture, on arrive à une durée déjà suffisante, ensuite les réparations sont faciles et peu coûteuses ; sa difficulté de désinfection (surtout en cas de désinfections complètes), mais celles-ci ne sont pas nécessaires dans toute leur ampleur lorsque, comme à la Genevroye, l'hygiène est excellente et continue ; sa conductibilité de la température extérieure enfin, mais il faut reconnaître que si le bois dans ce sens n'a pas la valeur de la brique, il est bien moins humide et froid que le ciment, et sans être parfait, arrive sur ce point à être suffisant.

Disposition générale. — Le plan de la porcherie est très simple : un bâtiment central, un peu surélevé afin d'y permettre l'introduction du foin au premier étage, sert de salle de préparation pour la nourriture. Deux ailes de bâtiments avec cases de chaque côté d'un couloir central ; à droite de l'entrée principale, deux rangées de 11 cases, à gauche, deux rangées de 9.

L'éclairage est assuré d'une part grâce aux fenêtres latérales à raison d'une par case, et d'autre part, grâce aux fenêtres du toit à raison d'une en face de chaque case côté Nord. L'aération est procurée d'ailleurs de la manière la plus hygiénique et la plus commode : le carreau est mobile autour de son axe inférieur fixe, glissant dans une charnière supérieure et ne livrant passage à l'air que par la partie supérieure, de façon à ne pas tomber directement sur l'animal. Il y a donc possibilité de réaliser un courant d'air aussi complet que l'on veut sans risquer de nuire à la santé des bêtes. Ces fenêtres, hautes de 60 cm sur une largeur de 70, sont situées juste à côté des portes de sorties sur les parcs. L'aération de la salle des rations est largement fournie par de grandes portes de chaque côté qui suppriment tout relent d'odeurs culinaires.

Les eaux résiduaires sont déversées autour par une conduite souterraine dans les champs. Le purin est mené par des caniveaux latéraux aux couloirs jusqu'à une autre conduite chargée de l'écouler dans la fosse. Ainsi le purin ne séjourne jamais, évitant les mauvaises odeurs et les risques de maladies.

L'eau est fournie par une éolienne, de marque américaine « Aer Motor, Chicago », modèle remarquable de légèreté et de solidité : une monture métallique fichée et scellée à 1 mètre sous terre supporte le classique moulin guidé par sa girouette curieusement découpée en silhouette de Berkshire ; le mouvement se transmet verticalement à un piston léger en bois, maintenu droit par des systèmes de bras doubles et souples le reliant à la carcasse métallique et l'obligeant à se déplacer nettement en ligne droite. Ce système puise l'eau à 10 mètres et l'envoie dans un réservoir de 5 m3 juché à 5 mètres du sol, ce qui permet d'avoir l'eau sous pression dans la porcherie ; cette eau est distribuée d'une part par conduite ordinaire et robinets pour le nettoyage, d'autre part pour l'abreuvement des porcs par remplissage automatique.

Cases. — Elles sont toutes en bois, le sol seul est en ciment et légèrement incliné vers la rigole latérale du couloir. Les séparations entre les cases sont aussi en planches à claires-voies, ce qui favorise la circulation de l'air et la répartition de la chaleur. Les dimensions sont de 3 m. $\times$ 3 m. et toutes les séparations ont 1 mètre de hauteur.

Les auges sont en ciment aussi et tiennent au sol ; elles sont divisées en 2 parties faisant corps, mais distinctes quant à leurs cavités : l'auge à nourriture mesure 1 m. 40 de long sur 0 m. 35 de large et 0 m. 20 de profondeur ; l'auge abreuvoir est carrée sur 0 m. 45 de côté avec 0 m. 20 de profondeur. Le remplissage de l'auge à nourriture y est particulier, on peut le schématiser ainsi : deux planches au bord de l'auge, l'une horizontale, l'autre inclinée du côté du couloir, laissant ouverts deux orifices ; par l'orifice supérieur on déverse la nourriture, par l'orifice inférieur elle tombe dans l'auge. Ce système, copié sur d'anciens modèles, a été fort critiqué au point de vue hygiène, d'une part, et vu le peu de profondeur de l'auge, une partie de la nourriture risque de tomber à côté, d'éclabousser et de salir le sol, de plus des parcelles d'aliments restent le long des planches, se putréfient et peuvent souiller la prochaine ration. Mais ici l'on apprécie grandement dans ce système l'économie de temps et la facilité du service de rationnement. Cependant l'inclinaison de cette planche diminue la largeur du couloir d'alimentation de 1 m. 40 à 1 m. 10, empêchant donc toute installation de Decauville ; enfin la hauteur de l'orifice à 1 mètre oblige ici à un travail pénible de la part du porcher. C'est pourquoi ce système, qui ne nous semble intéressant que du point de vue économique, doit-il être remplacé par un tramway aérien.

Les loges, destinées généralement à l'élevage, sont toutes munies de dispositifs protecteurs pour porcelets simplement et suffisamment fournis par des pièces de bois clouées en biais dans les coins du fond de la case. La litière est constituée par de la paille jetée dans un coin de la loge : une petite quantité suffit, le porc, suivant son instinct de propreté naturelle, ne la souillant jamais.

Courettes. — Chaque loge est pourvue d'une courette communiquant avec elle par une simple porte ; la sortie en plein air est nécessaire aux Berkshire et ceux-ci savent protester avec véhémence lorsqu'on ne leur ouvre pas la porte selon leur habitude. On donne à ces parcs 3 m. de large (largeur de la case) sur 22 m. de long. Ces parcs sont clôturés à hauteur de 1 m. par des barbelés ; un fin treillage jusqu'à 40 cm. de hauteur est destiné à empêcher les porcelets de se glisser au dehors.

Approvisionnement. — La forme du toit empêche tout emmagasinement au-dessus de la porcherie ; on y a remédié par la création d'une premier étage au-dessus de la salle des rations, suffisant puisque la paille n'est employée qu'en quantité restreinte.

A ce premier étage sont hissés par poulies et emmaga-

sinés les sacs contenant la nourriture. Sur la gauche en
entrant, une case spéciale contient la paille à utiliser, tandis
qu'à droite l'on remarque plusieurs grandes et profondes
caisses recevant du premier étage, par de larges tuyaux, le
contenu des sacs qui y sont rangés. En face et toujours à
droite est l'arrivée de l'eau. On peut donc ici préparer toute
la nourriture dans les wagonnets Decauville. La voie de
0 m. 60 débute là pour sortir aussitôt et directement à
travers les grands parcages. On n'a pu aménager ce même
système dans les côtés de la porcherie, vu l'étroitesse du
couloir ; aussi MM. Calvayrac et Chabrier ont-ils l'intention
d'établir à l'intérieur un tramway aérien qui servira à sortir
le fumier et à transporter la nourriture, système peu
encombrant et qui rendra de réels services, tant au point de
vue économie de temps et de travail qu'au point de vue
hygiène en évitant la chute du fumier dans les auges.

II. — PARCS D'ELEVAGE

Ils servent de logement habituel aux animaux destinés
à l'élevage ; ils y croissent en conservant intégralement
leurs qualités de rusticité. Les avantages de ces parcs pour
animaux en voie de développement sont multiples : au
point de vue économique d'abord, la mise de fonds est
minime : de simples entourages de fils de fer barbelés, de
simples cabanes en bois d'édification rapide, facile et à bon
compte. Au point de vue hygiène ensuite : dans un élevage
en plein air, peu de maladies à craindre, les porcs ayant
acquis un tempérament robuste et sain se trouvent dans un
air toujours nouveau et purifié. Au point de vue main-
d'œuvre encore : l'entretien est des plus faciles, pas de
nettoyage à faire, on se contente simplement de renouveler
de temps en temps la litière, les excréments et les urines
restant normalement sur le sol et le fumant sans danger vu
l'aération continue ; on pouvait certes reprocher quelques
pertes d'éléments fertilisants par cette décomposition à l'air
libre, mais l'infiltration des purins dans le sol est intégrale.

Au point de vue qualités de l'animal enfin : qualités d'abord de l'élevage, c'est-à-dire rusticité et robustesse, ensuite de la chair, par sa fermeté, sa compacité, son abondance et sa valeur alimentaire. Cependant ce genre d'élevage exige une race déjà rustique par elle-même, surtout lorsque, comme à la Genevroye, les animaux sont laissés ainsi toute l'année, hiver comme été.

Les parquets sont au nombre total de 20, quatre d'entre eux sont situés sur la gauche de la porcherie, de forme carrée d'une vingtaine de mètres de côté et pourvus de cabanes N° 2. Une série de 16 parquets fait suite à la porcherie, séparés en deux groupes par un couloir central communiquant directement avec la salle des rations et muni d'un Decauville, voie de 0 m. 60 pour l'alimentation. Ces parcs mesurent presque tous la même dimension, c'est-à-dire 25 m. de long sur 12 de large et sont munis de cabanes N° 1.

Les cabanes se trouvent à l'intérieur même de ces parcs. Le modèle N° 1 est composé de quatre faces verticales disposées en carré de 2 m. $\times$ 2 m. Le toit est en pente du côté opposé à la porte d'entrée, de façon à ce que la hauteur de la façade soit de 1 m. 75 alors que la hauteur prise à l'arrière ne mesure plus que 1 m. L'entrée de 60 cm. de large est prise dans toute la hauteur de la case et mesure ainsi 1 m. 75. Le plancher est également en bois, recouvert d'un léger lit de paille et repose sur des briques, l'isolant du sol afin d'éviter l'humidité.

Le modèle N° 2 est plus simple encore : il se compose d'un double toit large de 2 mètres, haut de 2 m. 10 perpendiculairement et ouvert sur une base de 2 m. 60 ; des panneaux triangulaires forment les deux autres côtés. La porte mesure 1 m. 40 sur 0 m. 65 de large. Le plancher en bois, couvert d'une litière, est isolé du sol par des briques.

Les ouvertures des cases sont toutes tournées vers l'Est ; les porcs reçoivent donc le bienfaisant soleil du matin mais n'ont pas à redouter les ardeurs des chaudes après-midi. Ces systèmes sont excellents en tant que peu coûteux et faciles à construire et d'un entretien des plus réduits. Nous ne ferons que mentionner quelques abris de fortune, en bois aussi, mais exécutés *grosso modo* et destinés à être remplacés.

Approvisionnement. — Il est assuré, sauf pour les quatre cases latérales, par Decauville. Le système d'auge de chaque parc est exactement analogue à celui de la porcherie ; ici pourtant la hauteur du déversoir est avantageuse car il se trouve à égalité avec le bord supérieur du wagonnet. Les auges à eau sont placées au centre entre les parquets afin de servir à deux parquets à la fois, mais cette disposition présente un grave inconvénient, c'est que, étant en ciment et fixées dans le sol, elles empêchent, lorsqu'on veut labourer, le passage aisé de la charrue à travers tous les parcs ; il eut été préférable de les mettre entre les deux parcs mais au bord de l'allée centrale, au niveau des auges à nourriture.

Les clôtures sont en fil de fer barbelés sur 13 rangs, soutenus par des piquets en bois espacés de 1 m. 85 environ ; les rangs inférieurs, les plus serrés, vont en s'écartant jusqu'à 1 m. de hauteur.

Tel est l'état actuel des parcages, mais MM. Calvayrac et Chabrier ont l'intention d'y faire subir d'importantes modifications : leur idée est de créer des luzernières renouvelables chaque année, c'est-à-dire que tous les ans les porcs seraient changés. Les raisons de cette pratique sont multiples : au point de vue économique d'abord, car l'on estime qu'en été, grâce à cette luzernière, l'on peut économiser jusqu'à 60 % de la nourriture en grains ; au point de vue cultural ensuite : ces parcs fumés par le séjour d'une année des Berkshire sont susceptibles de donner d'excellentes terres de cultures, sans qu'il soit besoin d'apporter d'engrais humiques ; en changeant donc les parcs tous les ans, l'on utilise de la façon la plus complète et la plus économique les améliorations apportées au sol en tant que principes fertilisants. Au point de vue hygiène enfin : on ne peut en effet désinfecter un terrain comme une porcherie et les germes infectieux restent sur le sol, risquant de s'y développer de plus en plus. Le changement de parc annuel évitera donc cet inconvénient, déjà remarqué dans de nombreux élevages au grand air.

Cependant pour obtenir ce changement de parc facilement, l'on a l'intention d'amener quelques variantes dans la combinaison des parcs ; il faut compter en effet de 5 à 6 hectares de parcage total : 3 parcs de 10 à 15 ares pour les 3 verrats et 8 parcs plus vastes pour les mères et leurs petits. Le système actuel de clôture à poteaux de bois fixes et fils barbelés ne peut être déplacé sans bris, aussi lui substituera-t-on un système de clôtures démontables : poteaux métalliques et grillages décrochables ; on compte qu'un homme peut déplacer 1.000 m. par jour ; de cette façon ce système est donc de beaucoup préférable au premier. Concuremment à cette pratique du changement de parcages l'on tend à créer un approvisionnement différent de celui actuellement employé. A ce sujet deux propositions sont à l'étude, à savoir : l'emploi du distributeur automatique, ou celui du Decauville automatique. Le premier système comporte une vaste caisse formant réservoir, communiquant par une petite ouverture dans le bas, avec une mangeoire ; cet appareil convient particulièrement bien à la Genevroye où la nourriture peut être donnée concentrée ; les abreuvoirs fournissant le liquide complémentaire nécessaire. On remplit tous les 8 ou tous les 15 jours ces distributeurs. Ce système, ainsi, réduit de beaucoup la main-d'œuvre ; la nourriture s'y conserve bien et longtemps; l'on ne trouve pas de reste d'ancienne nourriture comme cela peut se faire dans les auges, puisque ici la pesanteur fait écouler les aliments au fur et à mesure qu'ils sont déversés. Les porcs, gloutons certes les premiers jours de l'installation, s'habituent très vite à y prendre juste ce qui leur faut ; enfin la ration étant toujours à leur disposition, ils ne manifestent pas d'impatience à l'attente des repas et restent dans le calme le plus absolu.

La Porcherie

Cliché " Vie à la Campagne "

Vue générale de la porcherie de la Genevroye. Au premier plan, les parcs où les porcs reproducteurs vivent toute l'année, avec une simple cabane pour abri.

Le Decauville automatique est un système modernisé du Decauville classique, de principe très simple : à chaque auge, au passage du wagonnet, un cran d'arrêt fait basculer l'auge d'un certain angle ; on règle ces crans de façon à ce que le wagonnet s'incline régulièrement et de plus en plus bas à mesure qu'il avance, on obtient ainsi une distribution facile, rapide et régulière.

On a déjà vu à la Genevroye même un nourrisseur automatique du modèle indiqué ci-dessus : les résultats en furent très satisfaisants et c'est dans cette voie, sans doute, que l'on tendra désormais. Il y a en effet grand avantage à préférer de simples nourrisseurs à l'appareillage compliqué et coûteux quoique modernisé du Decauville automatique.

Nous pouvons donc trouver à la Genevroye d'excellentes idées pour installation de porcheries en plein air et de nos considérations précédentes, il nous semble plausible de tirer cette conclusion :

Dans un élevage de plein air rien ne doit être fixe afin de faciliter les changements de parcs ; donc ni auges ni abreuvoirs cimentés dans le sol, des piquets métalliques facilement déracinables par un homme, des fils de fer décrochables, des cabanes enfin facilement transportables, des nourrisseurs automatiques si possible, et l'on parviendra ainsi, comme l'on tend à la Genevroye, à posséder l'installation de plein air parfaite réunissant tous les avantages désirés, au triple point de vue hygiénique, pratique et économique.

4

CHAPITRE V

Alimentation

Le domaine de la Genevroye s'étant spécialisé dans l'élevage du porc et de la volaille, on considère la culture comme une spéculation plutôt secondaire et au service de ces élevages. L'on y trouvera donc quelques produits susceptibles de convenir à l'alimentation des Berkshire, en particulier l'orge et la luzerne.

L'assolement de la Genevroye permet d'obtenir l'orge nécessaire à la consommation de la porcherie ; celle-ci est moulue à la ferme même ; la luzerne aussi est produite en quantité suffisante. On a l'intention, afin de remplacer une partie des remoulages, actuellement de qualité douteuse, de s'en servir pour faire de la farine de luzerne, base d'une alimentation future. Le son enfin, provient de l'extérieur, mais on le considère comme un sous-produit direct du blé ; on vend celui-ci à la Meunerie qui fournira à la Genevroye le son nécessaire à l'alimentation des porcs. Ainsi l'on voit facilement que tous les produits sont relativement tirés de la ferme ; d'ailleurs une autre partie de ces mêmes produits sera utilisée pour l'élevage avicole.

MM. Calvayrac et Chabrier ont cherché « la formule nourriture la plus simple, la plus économique et en même temps et c'est là, surtout, qu'ils ont réussi, la plus saine ».

Le mot formule ici est des mieux venus, car c'est en effet une véritable formule mathématique qu'ils ont posée, remarquable de simplicité et de clarté et la plus rationnelle possible. On peut la schématiser ainsi :

Remoulage .... 72 %
Farine d'orge ou maïs........... 25 %
Poudre de viande............... 2 %
Poudre d'os................ .... 1 %

C'est la ration générale des porcs d'élevage ; la quantité

à distribuer est aussi remarquable de précision et de justesse : 3 à 4 1/2 % du poids de l'animal.

Cependant il serait absurde de donner à tous les animaux quels qu'ils soient une seule et même ration, car, ainsi que le notent MM. Calvayrac et Chabrier : « On ne nourrit pas les porcs avec des formules », et il faut tenir compte des différents états et des différents buts des animaux alimentés ; c'est pourquoi cette formule n'est considérée que comme une formule-type. On l'emploie cependant dans son intégrité pour les animaux d'élevage au point de vue qualité et quantité.

CALCUL DE RATION

FORME	MATIÈRE SÈCHE	MATIÈRE AZOTÉE	VALEUR AMIDON
	2,8	0,3	20,2
SON... 2 k. 52	2,52 x 87,8 = 2212,56	2,52 x 12,9 = 325,08	2,52 x 48,1 = 1212,12
ORGE.. 0 k. 875	0,875 x 86,8 = 760,50	0,875 x 10,2 = 89,25	0,875 x 67,3 = 588,87
Poudre de Viande 0 k. 070	0,070 x 89,2 = 62,44	0,070 x 67,2 = 47,04	0,070 x 89,9 = 62,93
	3035,50	461,37	1863,92

Cette ration est excellente en tant que les quantités exigées sont satisfaites. Ce calcul a été fait pour un adulte destiné à la reproduction et du poids de 100 kgs ; on lui donne alors 3 kgs 500 du mélange pré-cité. Il y trouve la matière sèche nécessaire, sans excès néanmoins, et plus d'azote qu'il ne lui en faut ; quant au déficit de valeur d'amidon, il est insignifiant. Le 1 % de poudre d'os est du meilleur effet ; il est en effet prudent lorsque les porcs sont nourris d'aliments sans laitage, de fournir le calcaire nécessaire à la formation des os, ce que l'on évite par les sous-produits laitiers. En effet, les animaux en croissance trouveraient trop peu de calcaire et de P2 O5 dans l'alimentation indiquée. MM. Gouin et Andouard conseillent 10 à 15 gr. de poudre d'os ; ici, vu la rusticité et la précocité du Berkshire (car bien que son ossature soit fine, elle est néanmoins très solide), l'on admet la dose de 35 gr. par ration, ce qui pourra favoriser la croissance des jeunes.

Pour les truies reproductrices, la formule alimentaire variera un peu ; nous devrons encore distinguer deux cas : d'abord celui de la femelle pleine, ensuite celui de la nourrice. Dans le premier cas, on portera le pourcentage de la farine de viande de 2 à 5 %, c'est-à-dire 175 gr. par jour. A cette époque la truie demande en effet un surplus de matière azotée pour le développement des fœtus ; de plus, on évite ainsi l'accident, assez courant dans certaines régions, lors de la mise bas, de la mère qui mange ses petits, ce qui provient souvent du besoin qu'a l'animal de compenser la protéïne qu'il a dû fournir à ses dépens. D'autre part en supprimant un peu d'orge en rapport avec l'augmentation de la farine de viande, on évite un engraissement préjudiciable à la santé de la mère et des porcelets.

La dose de 175 gr. fournit toute la matière azotée nécessaire à la truie et ne risque pas de provoquer la diarrhée puisque l'on pourrait atteindre sans crainte 250 gr. (M. Dechambre).

Pour les mères en lactation on revient à 2 % de farine de viande, mais on diminue de 10 % le remoulage pour augmenter de 13 % l'orge. On obtient ainsi un mélange plus facilement assimilable, en diminuant d'une force moindre de remoulages la teneur générale en cellulose et en augmentant, grâce à l'orge, la valeur amidon de la ration. Le lait de la truie est très riche par rapport au lait de vache, surtout au point de vue protéïne et extrait sec ; cependant celui de la Berkshire n'est supérieur à la composition moyenne du lait de truie, que par la quantité (2 kg. 860 par jour) et par la matière grasse (7,25 au lieu de 6,89), les protéïnes ne s'y rencontrant que d'une façon normale. La ration précédente est donc parfaite ; la diminution de farine de viande correspond à la diminution du besoin de protéïne, elle ne doit se faire qu'insensiblement en une dizaine de jours environ, puisque les premières lactations conservent encore pas mal d'azote ; le colostrum en a 15,56 % ; on en retrouve 12,89 % au bout de 6 jours pour une moyenne de 5,68 après 19 jours (Gohren). Par contre, la truie Berkshire ayant un lait fort gras, le remplacement d'un peu de son par de l'orge augmentera la teneur en matière grasse de la ration. Ce sont donc là des rations judicieusement réglées et observées, impeccables en tous points et répondant nettement aux exigences de l'état et de la race des animaux.

Les porcs à l'engrais sont rares à la Genevroye ; ne produisant que des sujets de choix, MM. Calvayrac et Chabrier tiennent à ne pratiquer que l'élevage exclusivement ; à peine livre-t-on directement à l'engraissement quelques-uns des rebuts de la sélection, ou quelques spécimens pour les concours. Cependant nous donnerons le détail de ces rations qui sont intéressantes, non plus au point de vue particulier de la ferme de la Genevroye, mais surtout au point de vue général et pratique applicable à d'autres exploitations.

Voici un tableau succinct des différentes rations :

Porcs de 2 à 4 mois, 800 gr.	50 % orge. 50 % remoulage.
Porcs de 4 à 6 mois, 2 kgs	35 % remoulage. 60 % orge. 5 % farine de viande.
Porcs au-dessus de 6 mois 3 à 5 kgs	60 % orge. 30 % remoulage. 10 % de farine de viande.

Au-dessus de 100 kgs on dépasse 4 kgs de nourriture par jour et par porc. L'on peut remarquer facilement l'excellence de ces formules ; non seulement on dose le poids de la nourriture selon l'âge de l'animal, mais encore la quantité de chaque élément par rapport aux autres. Ainsi le remoulage se donne de moins en moins lorsque le porc s'engraisse, afin d'obtenir une assimilation de plus en plus facile, en diminuant la quantité de cellulose.

Le pourcentage de l'orge reste stationnaire, fournissant

une quantité de graisse qui s'accroît proportionnellement au poids même de la ration. Par contre, la farine de viande est distribuée en quantité de plus en plus forte, jusqu'à son maximum : 0 kg. 500 par bête ; elle se montre excellente dans cet engraissement, en tant qu'elle fournit une nourriture de plus en plus concentrée, sans crainte de diarrhée, puisqu'on ne dépasse pas 0 kg. 500 et de plus en plus facilement assimilable, ce qui est un point très important vers la fin de l'engraissement.

Remarquons que la première formule 50 % remoulage plus 50 % orge, quelque singulière qu'elle puisse paraître au premier abord, est une bonne ration de préparation, car des porcs de 2 à 4 mois ne peuvent pas être brutalement mis en plein engraissement ; c'est donc une formule de transition.

MM. Calvayrac et Chabrier étant d'excellents techniciens, éminemment entendus en ces questions, ont su trouver des formules intéressantes de rationnement. Leur grand intérêt pratique provient de ce que ce sont là des aliments facilement importables dans une exploitation ne pouvant rien produire elle-même pour sa consommation. Elles ont de plus l'avantage d'être simples. Trois produits s'y rencontrent : orge, son et farine de viande, dont les quantités seules varient ; produits de bonne et facile conservation, peu encombrants quant au volume et faciles à se procurer. C'est encore une nourriture très saine, excellente pour le porc, tant au point de vue goût qu'au point de vue hygiène. Le son et l'orge sont employés communément dans toutes les porcheries, quant à la poudre de viande, c'est un aliment concentré de la plus haute valeur, mais dont la préparation peut laisser parfois à désirer. Aussi ne doit-on s'adresser qu'à des maisons très sérieuses telles que : Carnarina, de Swift and Cie. Le prix en est nettement supérieur, écart allant jusqu'à 50 fr. au-dessus d'autres maisons, mais la qualité par contre est impeccable ; l'on évite ainsi les entérites ou les vers blancs qui surviennent communément lorsqu'on emploie des farines de viandes communes, résidus de viandes boucanées, par exemple, et les accidents, souvent terribles, réduisent à néant l'économie que l'on a cru faire et risquent de provoquer des pertes appréciables.

Notons enfin qu'elle est économique ici puisqu'elle utilise surtout les produits de la ferme, réduisant à presque rien les importations. On n'introduit à la Genevroye que 75 francs par mois de farine de viande.

L'on pourrait, de prime abord, juger ce système de ration fort théorique ; ce serait un tort, car il a en plus de toutes les qualités énumérées, l'immense avantage d'être d'une application pratique des plus commodes. Les parcs d'élevage reçoivent tous le même mélange, donc seules les quantités varient et celles-ci sont données approximativement mais avec une précision suffisante, au jugé, selon le nombre et le poids des animaux. Il en est de même pour les reproducteurs. Aussi cet élevage est-il au point de vue nourriture installé d'une façon impeccable. L'alimentation d'engraissement est plus délicate, mais cependant elle est une des plus simples possibles vu la complexité des facteurs qui interviennent dans une telle spéculation : une ration unique, variable seulement en quantité est irrationnelle en tant qu'elle ne tient pas compte des transformations physiologiques des animaux ; la triple formule de la Genevroye est en cela une des plus simples et des plus complètes formules rationnelles.

Ici encore nous trouvons le grand avantage que tous les parcs d'élevage sont dehors et tous desservis par le Decauville, d'où grande facilité de main-d'œuvre pour la préparation et la distribution des aliments. On alimente deux fois par jour.

La nourriture est donnée froide à tous les porcs sans exception ; on mélange les substances crues et à froid et on les laisse tremper dans de l'eau pure ; le tout, livré à lui-même d'un repas à l'autre, s'humecte, se gonfle, se donne tel quel en consommation. Il s'ensuit une économie notable de combustible et de main-d'œuvre et l'on évite en grande partie les odeurs culinaires qui excitent plus ou moins les porcs. C'est là encore un des avantages de la race Berkshire qui accepte très bien ces conditions et n'en souffre aucunement.

Etant donné la concentration des aliments, quoique ceux-ci soient délayés et que les porcs aient de l'eau pure à leur disposition, on habitue les Berkshire à être purgés légèrement tous les 15 jours ; on leur donne alors 20 gr. de sulfate de soude régulièrement et ils s'en trouvent fort bien. Ce n'est là qu'un simple laxatif ; on va jusqu'à 100 gr. pour les truies hors du sevrage. En règle générale, en cas de purge sérieuse on administre à l'animal une dose de 1 gr. par kilo de son poids.

Enfin l'on donne aux porcs, deux fois par semaine, 100 gr. environ de charbon de bois, qu'ils croquent avec plaisir, ce qui excite leur appétit et facilite la digestion.

En été on donne aux porcs d'élevage de la verdure ; en ce cas on supprime 1 kg. de la ration pour le remplacer par 3 à 4 kgs de luzerne, excellent aliment azoté et rafraîchissant, surtout à cet âge. On tend actuellement à ce que dans les luzernières établies dans les parcs, les Berkshire puissent trouver déjà une grande partie de leur nourriture.

On préfère les luzernières aux tréflières car leur durée est supérieure ainsi que leur résistance au pâturage des porcs ; elles contiennent aussi, à l'état frais, plus de matières azotées, ce qui est plus avantageux pour l'élevage.

Lorsque la Genevroye entretenait des bovins, on utilisait le petit lait pour le sevrage des porcelets ; on a abandonné cette pratique dès la suppression de la vacherie, car les frais de transport pour ce produit venant des beurreries de Château-Thierry, seraient trop onéreux ; d'ailleurs il est préférable, lorsqu'on peut le faire, de substituer à ce régime de sous-produit, le pâturage des jeunes ; le petit lait qui peut être excellent quant aux matières nutritives proprement dites, est incomplet quant aux vitamines, et reste par là même nettement inférieur à l'alimentation herbacée.

« Les vitamines sont indispensables à la croissance normale, dit M. Dechambre. A et B sont abondants dans le lait, aliment exclusif du jeune ; l'un passe dans le beurre (A), et l'autre reste dans le lait écrémé (B) ; le jeune porc est très sensible au défaut de facteur (A) ; cette déficience cède lorsque l'on donne de la verdure, des rutabagas, des navets, etc... Celà explique les bons résultats du régime imposé aux porcs « coureurs ». Un tel témoignage suffira à montrer, sans qu'il soit la peine d'insister, les avantages qu'il y a, dans une exploitation qui peut le pratiquer, à adopter le régime de la pâture pour l'élevage du porc. Le petit lait n'est vraiment intéressant que si à très bas prix, et de préférence pour l'engraissement.

On expérimente avec succès, la farine de luzerne comme remplaçant des remoulages, actuellement de mauvaise qualité, pour l'alimentation des animaux. Voici le résultat d'une analyse transmise par l'Etablissement Fédéral de Chimie Agricole de Lausanne :

Protéïne	11,8
Graisse	1,9
Hydrate de carbone	38,1
Cellulose	28,8
Eau	10,8
Cendres	8,6
	100

La composition est très voisine de celle de la luzerne même, seule la quantité d'eau subit une diminution notable. Ce produit est donc théoriquement excellent, et pratiquement les résultats ont été concluants, particulièrement sur les truies en gestation et en allaitement. C'est pourquoi, estimant qu'une bonne farine de qualité certaine est toujours plus économique qu'un mauvais son, d'autant plus que la Genevroye produit elle-même la luzerne qu'elle fait réduire en farine, on tend à en généraliser l'emploi dans toute la porcherie.

CHAPITRE VI

Elevage

C'est la partie la plus pratique de notre étude, la plus importante aussi, puisque des méthodes employées, dépend pour une grande part la réussite de toute la spéculation. Afin d'être plus clair et complet il nous semble préférable d'étudier les divers soins nécessités par tout animal pour l'amener à l'état adulte ; nous suivrons donc l'ordre suivant :

1° Soins des géniteurs.
2° Accouplement.
3° Soins de la truie portière.
4° Mise bas.
5° Soins de la truie nourrice.
6° Soins des porcelets ; Sevrage.
7° Soins des adultes élevés.

Nous consacrons deux chapitres spéciaux à la nourriture et à la sélection, ces questions d'une importance capitale nécessitant une étude très approfondie. C'est donc, on le voit, une étude purement pratique que nous entreprendrons ici.

I. — SOINS DES GENITEURS

Les mâles à l'usage de la Genevroye sont tous importés directement d'Amérique, ainsi que la plupart des femelles ; aussi évitera-t-on, vu les dépenses occasionnées, toute réforme hâtive et inutile. Citons à ce propos ce texte de M. Dechambre : « La réforme prématurée d'un bon verrat est tout aussi fâcheuse pour l'élevage que la réforme prématurée d'un bon taureau. Un reproducteur de qualité représente un capital fixe que l'on doit conserver le plus longtemps possible, c'est une vraie prodigalité que de remplacer fréquemment des verrats qui sont toujours d'un prix élevé ». Il n'est pas question pour un animal de valeur de rechercher la vente de la viande à sa réforme : tout bon reproducteur peut se considérer comme amorti par sa production antérieure et les produits engendrés par prolongation de son utilisation dépasseront vite le prix que l'animal engraissé à temps aurait donné à la boucherie. La réforme n'a donc lieu que pour des causes accidentelles : méchanceté, épuisement, obésité. Ainsi l'on trouve à la Genevroye un reproducteur de choix remarquable : « Robert », âgé de 3 ans 1/2, ayant régulièrement couvert 70 truies par an, à raison de 2 saillies par bête, pesant actuellement 300 kgs, mais encore très léger, très vif pour la monte et dont l'instinct génésique est loin de décroître.

On doit aussi remarquer que tous les soins nécessaires ont été pris pour un bon entretien : une courette favorise les ébats et empêche l'embonpoint, une pratique rationnelle et régulière de la monte évite l'épuisement tant au point de vue de l'acte lui-même que des produits ; enfin la méchanceté est rare chez le Berkshire, particulièrement chez le verrat, lorsqu'on sait le soigner comme il sied et qu'on ne le brutalise jamais.

La race Berkshire étant précoce, on pourra utiliser le verrat de bonne heure ; dès 6 mois l'instinct génésique se révèle chez le jeune verrat. Ici on lui fait effectuer la monte dès 9 mois ; c'est le meilleur âge pour une race précoce. Plus tôt il y aurait danger d'usure prématurée ; plus tard, perte de quelques portées et, vu la valeur des animaux, il serait inutile et coûteux de retarder la monte du mâle.

Du verrat dépend en grande partie la qualité de toute la porcherie ; une truie marquera son empreinte sur deux portées par an, un verrat, sur toutes les portées de l'année. Il faut donc bien prendre garde de n'avoir que de bons reproducteurs. On recherchera naturellement la pureté de la race, la précocité et la rusticité, ces caractères étant assurés par la généalogie même du verrat ; cependant au point de vue extérieur on désire un dos à peine arrondi, large, de fortes épaules et de fortes cuisses ; on cherche aussi d'excellents aplombs. L'on remarque chez le verrat en fonction, un léger affaiblissement de l'arrière-train ; ce n'est pas un défaut, c'est la simple conséquence de la monte où l'arrière-train travaille le plus, ce qui occasionne la perte de la graisse (à cet endroit), par le développement même des muscles. Il peut arriver de même chez les verrats un peu âgés, que la poitrine, tout en restant large, soit aplatie en la ligne du dessous : c'est un désavantage au point de vue de l'animal même, non pas au point de vue de ses produits.

L'entretien du verrat demandera quelque attention : au point de vue hygiène, on lui consacrera les mêmes soins qu'aux autres animaux, avec quelques étrillages et lavages en plus ; sa case sera de préférence proche d'animaux à l'engrais et éloignée de toute femelle, pour éviter une excitation inutile et fatigante. Malgré la puissance de ces animaux on ne pratique aucun changement à la disposition générale et fragile des cases : leur force les leur ferait briser facilement et du premier coup ; leur tempérament doux rend toute précaution superflue. Pour la nourriture l'on retrouve la ration ordinaire des porcs d'élevage avec un peu plus de grain (orge et avoine) au moment des saillies, et de la luzerne comme rafraîchissant. Ces rations seront établies au chapitre nourriture, nous ne nous attarderons donc pas.

L'on évite le plus possible la consanguinité afin d'obtenir des sujets parfaits ; M. Curot n'y remarque aucun inconvénient, lorsque les géniteurs sont impeccables, ni au point de vue force, ni au point de vue stérilité. Ici l'on préfère, et cela est facile, vu qu'un seul verrat ne pourait suffire à la porcherie, pratiquer le changement de sang, ce qui assure une fécondité normale et égale, tout en évitant les accidents possibles comme l'obtention de produits peu nombreux et chétifs.

Les femelles méritent aussi une attention soutenue, car

d'elles aussi dépend en partie le résultat de la saillie, et en totalité l'élevage des jeunes. Aussi livre-t-on surtout à la reproduction les truies importées directement, les autres étant vendues avec les mâles pour la reproduction en d'autres exploitations.

On cherche aussi à les réformer le plus tard possible, d'autant plus qu'on en retire avantage. En effet, on a remarqué aux Etats-Unis, qu'une truie pourrait être gardée avec profit jusqu'à 5 et 6 ans. Expériences faites dans l'Etat de Wisconsin :

TRUIES	NOMBRE DES PETITS	POIDS
1 an	7, 8	6,400
2 à 3 ans	7, 9	8,860
4 à 5 ans	9	11,860

Ellinger, au Danemark obtient avec des races pures une moyenne satisfaisante jusqu'à 10 portées, maxima entre 4e et 8e portées (134 danoises inscrites au livre Généalogique), Ce qui tend à prouver que, de même que pour le mâle, une réforme trop précoce est non seulement inutile, mais encore désavantageuse. D'ailleurs les 2 premières portées sont généralement faibles car le poids des petits et leur nombre dépend surtout du poids de la truie. Expérience faite aux Etats-Unis en 1903.

Poids des truies....	217 k.	138 k.	107 k.
Nombre de porcelets	9, 2	6, 7	5, 5
Poids des porcelets....	12 k. 2	7 k. 2	6 k. 3

Si donc il est excellent de faire saillir les truies tôt pour obtenir une grande précocité, il ne faut pas compter avoir alors les meilleurs résultats. Les chaleurs chez la truie peuvent faire leur apparition de bonne heure, dès 4 mois, pour réapparaître périodiquement tous les 21 jours, cet état se reconnaît facilement chez la truie : « elle va, vient, lève le nez, grogne, mange peu, monte sur les autres porcs, les parties externes de la génération sont tuméfiées, et elle recherche le mâle » (Magne). Chez les truies-mères elles ne reprennent que 6 semaines après la mise-bas.

On ne juge pas bon à la Genevroye de mettre la truie au verrat avant l'âge de neuf mois ; les produits seraient chétifs et peu nombreux, la mise-bas difficile et dangereuse, la santé de la mère s'en ressentirait. Les mettre trop tard, par contre, occasionnerait une perte de bénéfice et ne favoriserait pas la précocité propre à la race.

La fécondité et la rusticité du Berkshire sont remarquables, mais MM. Calvayrac et Chabrier estiment qu'une production de 2 portées par an pour une truie est satisfaisante. 5 portées en 2 ans, obtenues par exemple par la pratique courante chez certains éleveurs, de remettre la truie au verrat 3 jours après la mise-bas, serait exagéré en tant que l'état de santé de la mère s'affaiblirait, l'on obtiendrait alors des sujets moins robustes et l'élevage en serait plus difficile. Aucun bénéfice n'en pourrait être retiré. Par contre, une moyenne de deux portées par an est tout à fait normale chez le Berkshire.

On recherchera aussi chez la truie naturellement tous les caractères spéciaux à une bonne mère et à un géniteur de race. Dans ce but on exigera les mêmes caractères que pour le verrat, mais en plus efféminés et plus fins. Pour rendre plus commode la mise-bas, on recherchera un bassin large et fort, des flancs bien arqués, un ventre ample et bien étendu. Spencer conseille de rechercher une position de mamelles sur toute la longueur du ventre jusque entre les pattes de derrière, chacune étant apparente, grosse et bien percée, indices d'une bonne laitière.

. Au point de vue hygiène, l'on s'en tient, hors les cas de gestation ou d'allaitement, aux soins ordinaires, plus minutieux quant aux étrillages et aux lavages. Pour la nourriture se reporter au chapitre spécial qui donnera toutes les rations de la truie dans les différents états qu'elle parcourt.

II. — ACCOUPLEMENT

L'accouplement à la Genevroye est autant que possible effectué vers décembre pour obtenir des porcelets vers la mi-avril après la période d'hiver. MM. Calvayrac et Chabrier s'arrangent pour que leurs truies soient prêtes à être saillies vers cette époque. On fait saillir les truies vers Août-Septembre ; les petits naissent en Décembre-Janvier, ils seront donc adultes et bons pour l'élevage l'hiver qui suivra, et les acheteurs trouveront leurs truies prêtes à la reproduction à l'époque désirée. Une telle pratique pourrait paraître dangereuse, en plein hiver, mais ici nul accident n'est à craindre avec la rustique Berkshire, surtout lorsque toutes les précautions sont prises. A la Genevroye les mises-bas s'opèrent dans les cabanes en bois des parcs en plein air et les résultats en sont excellents. Ce système fait partie du programme de sélection dans la recherche de rusticité maximum.

Pour le choix du jour de l'accouplement point n'est besoin de tenir compte de l'état du mâle qui, ainsi que tout bon géniteur, est toujours prêt à la saillie ; quant à la truie, ses chaleurs étant à peu près régulières, on saura la date approximative de la saillie ; on préfère cependant ne la faire saillir que le 2e jour des chaleurs, le résultat étant plus sûr et meilleur.

L'opération sera double, c'est-à-dire que la truie sera fécondée deux fois de suite, à 24 heures d'intervalle. C'est une méthode très appréciée à la Genevroye. En effet le résultat est plus certain et les chances de réussite plus nombreuses. En séparant de 24 heures la répétition de l'acte, on évite ainsi toute fatigue inutile au mâle dont le sperme d'une seconde éjaculation dans la même journée serait moins riche. D'autre part les organes génitaux de la femelle ne sont plus tuméfiés, d'où aucun accident à craindre. Cependant afin d'aider les deux animaux à répéter l'acte, on leur donnera une nourriture fortifiante et surtout excitante, à base d'avoine.

Le coït s'effectue dans le parc même de la truie où l'on conduit le verrat : on les laisse enfermés ensemble durant un moment, en les surveillant bien toutefois ; l'éjaculation dure de 3 à 7 minutes, après quoi le verrat est ramené. L'on ne se sert pas, à la Genevroye d'appareils spéciaux pour la monte, les verrats étant acquis d'une taille suffisante et conservés suffisamment légers pour éviter l'emploi de ces instruments.

III. — SOINS DE LA TRUIE PORTIERE

La truie porte 3 mois, 3 semaines et 3 jours.

Baldassare, expérimentateur Napolitain, relève une moyenne de 115 jours entre des extrêmes de 113 et 119 ; ces chiffres sont, on le voit, peu éloignés les uns des autres, ce qui est d'un grand avantage pour la connaissance de la mise-bas.

Après la saillie la truie reste seule et doit être laissée le plus tranquille possible. Les soins les plus minutieux lui sont apportés ; aussi n'a-t-on jamais eu à redouter d'avortements à la Genevroye, les coups n'y sont pas à redouter vu la douceur avec laquelle les animaux sont traités, les chocs ou les chutes ne sont guère à craindre grâce à la forme même du Berkshire solidement campé sur ses pattes. Aucune intoxication alimentaire n'est possible, les aliments étant tous et toujours sains. Enfin l'avortement épizootique ne s'est jamais présenté depuis la formation du troupeau porcin ; d'ailleurs la bonne et constante hygiène de la porcherie ainsi que son isolement complet rendraient fort difficile toute introduction de germes infectieux.

C'est au point de vue nourriture que la question est la plus délicate, car il s'agit de distribuer des aliments concentrés pour éviter l'encombrement de l'abdomen, et riches en éléments azotés et minéraux nécessaires à la croissance des fœtus. Nous en avons vu les détails au chapitre alimentation.

Jeunes Truies au pâturage.

Truie suitée.

Jeunes reproducteurs Berkshire au pâturage (hiver).

Il est assez difficile chez le Berkshire de reconnaître si la truie a bien été fécondée, vu la facilité de cet animal à engraisser ; c'est pourquoi on préfère exécuter la double fécondation procurant des résultats plus certains. On arrive pourtant empiriquement à le reconnaître dès le premier mois par le fait de l'absence de chaleurs et du grossissement des mamelles. A la fin, les caractères sont plus accentués, le ventre devient énorme et tombant, la truie s'inquiète, ramasse sa paille pour en faire un nid : c'est le moment de la mise-bas.

IV. — MISE-BAS

Nombre de petits. — La truie Berkshire a une grande réputation de fécondité. La moyenne normale relevée en France est de 8 à 10, c'est-à-dire égale au Large White et au Limousin. A la Genevroye on obtient régulièrement des portées de ce chiffre. On a obtenu même une portée de 17, mais on préfère un résultat plus normal ; en ce cas on fut obligé de réunir cette truie avec une autre ayant peu de petits, et les jeunes tétaient alternativement l'une et l'autre nourrice. Cette pratique fut heureusement facilitée par la douceur de caractère des truies qui s'entendaient fort bien et acceptaient tous les gorets quels qu'ils soient. Néanmoins, MM. Calvayrac et Chabrier préfèrent des portées moyennes, affaiblissant moins la mère.

Poids des jeunes. — Il varie entre 900 et 1.100 gr. la moyenne étant de 1 kg environ. Les nouveaux-nés Berkshire ont le grand avantage d'être très résistants et très vigoureux ; ils ne sont, par contre, pas trop gros, ce qui est préférable pour leur santé, car ils restent robustes et profitent mieux. Nous avons vu, au paragraphe Ier de ce chapitre, que le poids des porcelets dépendait du poids et de l'âge de la mère ; à la Genevroye on possède des truies de format et de valeur moyenne, aussi les portées sont-elles homogènes.

Préparation de l'accouchement. — On connaît l'époque

de la mise-bas par une fiche spéciale indiquant la date de la saillie et celle approximative de la fin de la gestation. A ce moment on surveille la truie qui, par son agitation extérieure décèle la proximité de la parturition : les mamelles sont gonflées, la vulve tuméfiée et enflammée, l'animal est agité. En dernier ressort enfin l'on reconnaît l'imminence de l'acte à l'expulsion des eaux fœtales. A ce moment toutes les précautions doivent avoir été prises et l'on reste auprès de l'animal. L'on a coutume, à la Genevroye, de ne pas laisser la truie seule à ce moment, bien que les accouchements se passent toujours d'une façon très normale, c'est que, en effet, il n'y a jamais trop de précautions hygiéniques à prendre dans une opération aussi délicate.

On veille à ce que la truie soit bien au chaud et bien tranquille dans sa loge. On a muni celle-ci de paille souple et hachée à 5 cm. afin d'obtenir un lit élastique, épais et chaud, où les gorets et la mère ne pourront s'accrocher les pattes. On ferme les fenêtres pour éviter trop d'air.

Les jeunes sont expulsés environ tous les 1/4 d'heure ; l'on a donc le temps de bien s'occuper de chaque porcelet. A la venue de chaque goret on ouvre les narines et la bouche pour les débarrasser des matières glaireuses qui les encombrent et risquent, dans certains cas, de provoquer l'asphyxie ; pour cette opération on tient le nouveau-né la tête en bas pour atténuer ses cris stridents qui inquiéteraient la mère et troubleraient la mise-bas. On jette les membranes du sujet hors de la loge afin que la truie n'ait pas la tentation de les manger, ce qui l'intoxiquerait ou lui donnerait envie de manger ses petits. Nous avons vu que cela n'est pas à craindre à la Genevroye puisque la mère a trouvé dans sa nourriture toute la matière azotée nécessaire au développement des fœtus, sans perte sur ses propres substances, mais dans sa douleur la mère pourrait se laisser aller à manger son délivre.

Enfin une heure environ après la dernière naissance on rendra les petits à la mère.

V. — SOINS DE LA TRUIE NOURRICE

Une heure donc après la mise-bas on rend les petits à la mère. La loge, durant ce temps, a été nettoyée, la paille changée et une bonne boisson chaude a remis la truie sur pied. A ce moment a lieu la première tétée ; on préfère surveiller la mère à ce moment pour voir si elle ne souffre pas de la succion, sinon on lui enduira les mamelles de vaseline adoucissante. De plus, on cherche à placer les porcelets selon les mamelles, ceux-ci conservant le plus fréquemment celle qu'ils ont adoptée lors de la première succion. On mettra les plus faibles vers la poitrine de la mère, le lait étant à cet endroit plus abondant.

Dès lors les petits sont laissés constamment à leur mère, ils têtent à volonté, toutes les deux heures environ. La paille sera mise plus épaisse et changée chaque jour, les soins de désinfection seront très suivis et constants. L'on n'a jamais eu à la Genevroye à se préoccuper de l'allaitement artificiel, la douceur de caractère des mères permettant de les réunir, l'on a ainsi le double avantage d'éviter un surcroît de main-d'œuvre et d'obtenir de meilleurs sujets plus sains et robustes ; aussi n'avons-nous pas à parler de cette pratique.

La valeur du lait de Berkshire ainsi que la nourriture des nourrices ont été indiqués dans l'alimentation, aussi n'y reviendrons-nous pas ; mais on tient beaucoup à la Genevroye à l'absorption du colostrum, des 5 à 6 premiers jours qui, en même temps qu'un bon purgatif pour les débarrasser du méconium qu'ils n'ont pu évacuer durant leur vie intra-utérine, donnera un rapide accroissement et un bon développement, d'après la forte teneur en matière azotée (12,89 à 15,56 %) de ce premier lait ; aussi laisse-t-on, même en cas de forte portée, les petits régulièrement avec leur mère jusqu'à 5 ou 6 jours.

La quantité de lait produite par la truie Berkshire est remarquable, avons-nous déjà dit. D'autre part ce lait est très riche (plus riche en matières sèches que celui de la vache) aussi peut-on remarquer comment MM. Calvayrac et Chabrier ont su résoudre la question : d'une part une nourriture concentrée et bien équilibrée (confort alimentation) assurera les éléments nécessaires à ce lait, d'autre part un abreuvement à discrétion, ajouté à une distribution, lorsque possible, de luzerne, procurera facilement l'eau nécessaire à l'élaboration de ce produit.

La sortie des cases sera permanente par beau temps, ce qui favorisera la santé de la mère et lui procurera de l'exercice ainsi qu'à ses gorets.

VI. — SOINS DES PORCELETS - SEVRAGE

Il n'y a pas de maladie à la Genevroye, toute cause en étant éloignée. L'hygiène sévère empêche la rougeole, la chute de la queue si fréquente ; l'aération excellente supprime toute bronchite, la qualité de l'alimentation de la mère enfin laisse ignorer la diarrhée, l'éclampsie, le renversement du rectum, etc..., car la concentration des rations est corrigée par l'administration régulière de sulfate de soude, d'où un lait ni trop constipant ni trop purgatif.

Au bout de 3 à 4 semaines les gorets commencent à essayer de manger dans l'auge de la mère ; c'est l'indice que le lait de celle-ci diminue et qu'il faudra bientôt opérer le sevrage. On sépare alors complètement les jeunes dans une case spéciale. On les ramène d'abord 3 fois à leur mère par jour, puis deux fois, enfin une seule fois, et en 8 jours le sevrage est terminé. On donne aux jeunes des barbottages de son et d'orge concassée en mélange égal, on ajoute un peu de poudre d'os (10 à 15 gr.) Ces bouillies seront de moins en moins claires selon que le sevrage s'avancera ; ainsi l'on évitera tout danger de troubles et partant toute perte de poids chez les gorets. Remarquons que le Berkshire fait apprécier ici encore sa grande rusticité, en tant que le sevrage s'y fait rapidement, évitant ainsi les pertes de temps et écourtant la période de stationnement du porcelet.

VII. — ADULTES

Les porcelets sevrés et déjà entraînés à la vie au grand air et loin de leur mère sont envoyés dans les parcs extérieurs. Là commence leur vie d'entraînement, qui les destine à devenir des reproducteurs, robustes et rustiques. On les réunit à raison de une portée dans un parc ; lorsqu'ils atteindront 70 à 80 kgs, on les séparera de nouveau pour les laisser au nombre de 4 ou 5. Ils resteront là nuit et jour, assujettis à la nourriture d'élevage, pâturant la luzerne, exposés à l'air et au libre exercice.

On ne met en général que les truies dans les parcs, préférant garder les verrats de choix à l'intérieur de la porcherie et isolés dans leur case. Cependant, là encore il faut noter et apprécier la douceur de cette race : l'on met assez souvent à la Genevroye deux jeunes verrats ensemble avant que l'un ou l'autre n'ait sailli, sans qu'il en résulte de bataille.

On pousse ainsi les sujets jusqu'à une centaine de kgs ; à partir de ce poids, on les juge bons pour la reproduction et la vente.

CHAPITRE VII

Hygiène et Maladies

Une bonne hygiène dans une porcherie est la meilleure assurance que l'on puisse contracter sur la mortalité. MM. Calvayrac et Chabrier poussent à bout ce principe et n'assurent pas leurs porcs. Ils ont à cela nombre de raisons excellentes : d'abord l'hygiène de la porcherie étant parfaite, peu de maladies sont à craindre ; de plus les Berkshire importés sont vaccinés contre le hog-choléra, et semblent moins sensibles, lorsqu'on prend des soins suffisants aux autres maladies, telle que la fièvre aphteuse. Enfin la rusticité et la vigueur de l'animal ainsi que les soins dont on l'entoure évitent les accidents dont les conséquences peuvent être graves : intoxications alimentaires, pneumonies, coups de soleil, chutes ou blessures. Autant de raisons qui incitent MM. Calvayrac et Chabrier à être leurs propres assureurs. Il semble en effet, vu les considérations précédentes et malgré la valeur importante de certains animaux, que par l'économie des primes actuellement élevées et la rareté des accidents, l'on ait tout intérêt à la Genevroye à pratiquer cette méthode. Notons cependant que pour la traversée d'Amérique, les porcs n'étant plus, comme à l'exploitation, sous la garde d'un homme compétent et soigneux, l'on assure les animaux contre les accidents ; en cas de mort par naufrage, c'est à la Compagnie Maritime qu'incombe le remboursement.

Cependant l'exemple de la Genevroye se présente comme un cas très particulier et qu'il ne serait pas bon d'imiter dans nombre d'exploitations où les animaux sont plus sensibles et l'hygiène moins commode. C'est pourquoi il nous semble bon de donner ici un petit aperçu des conditions d'assurances, d'après les renseignements fournis par M. Jean Hobart, de la « Majestic Insurance Cy Ltd » :

MAJESTIC INSURANCE COMPAGNY
15, Boulevard des Italiens, PARIS

ASSURANCE PORCINE - CONDITIONS GÉNÉRALES

I. *Animaux d'engraissement.* — Peuvent être garantis tous les porcs dont le poids est compris entre 30 et 110 kgs.

La prime forfaitaire est de 1,50 par porc et par semaine.

Pour permettre à la Compagnie de calculer les primes, l'assuré est tenu de faire, par lettre ordinaire, les 16 et 31 de chaque mois, une déclaration indiquant le chiffre exact des effectifs.

Les primes étant payables d'avance, l'assuré est obligé, au moment de la signature du contrat, de verser un dépôt de garantie, représentant en moyenne, un mois d'assurance pour un effectif normal. Ce dépôt est liquidé à la cessation du contrat, lors du dernier versement et le surplus est remis à l'assuré.

En cas de mort, les animaux sont remboursés, sur la base du poids vif, à 100 % de leur valeur, d'après les cours immédiats du marché de la Villette de Paris. Par exemple, si nous supposons que le cours, poids vif, soit de 9,80 le kg et que l'animal mort pesait 100 kgs, l'assuré touche 980 fr.

La Compagnie d'assurance porcs exige une assurance incendie faite par elle ou par une autre Compagnie. L'assurance porcs fonctionne en cas de maladie, d'accident ou d'épidémie. En cas d'accident, l'animal doit être immédiatement abattu, vendu, et la Compagnie n'intervient que pour la différence entre le poids vif de l'animal au moment de l''accident, calculé au cours le plus élevé du marché de la Villette du jeudi précédent.

En cas d'épidémie la Compagnie rembourse 100 % de la valeur de l'animal calculée de la façon mentionnée plus haut.

II. *Animaux de Reproduction.* — La prime forfaitaire

demandée est de 8 % l'an, payable par trimestre et d'avance.

L'assurance cesse automatiquement à la fin du trimestre en cours, si les animaux sont vendus.

Risques spéciaux. — Ces risques, très variables, ne peuvent être considérés qu'individuellement et font l'objet d'avenants particuliers.

L'assurance cependant ne peut compenser toute la perte subie par la mort d'un animal, surtout s'il s'agit d'un reproducteur, aussi l'"hygiène doit-elle être considérée, dans une porcherie, comme l'une des préoccupations primordiales.

On désinfecte la porcherie trois fois par semaine par un lavage sévère à l'eau javélisée ou crésylée ; ce sont deux désinfectants économiques, faciles à se procurer, inoffensifs à manipuler et excellents pour détruire la plupart des germes nocifs. Ce programme rigoureux neutralise immédiatement l'action de tous les agents microbiens pernicieux susceptibles de s'être infiltrés à la porcherie. De plus, afin d'éviter toute fermentation malsaine et d'entretenir les porcs dans un état de parfaite propreté permanente, on enlève le fumier tous les jours ; l'on obtient, certes, un engrais très pailleux, vu la propreté naturelle des porcs vis-à-vis de leur litière et ce changement fréquent de la paille, mais une hygiène plus rigoureuse est ainsi observée. Nous avons vu que la pente des cases et des rigoles évitait le séjour des purins. Enfin, à tout changement de cases ou de cabanes, on désinfecte complètement ces endroits par de sérieux lavages au crésyl afin de détruire tous germes nocifs que le ou les anciens locataires pouvaient posséder, soit à l'état latent, soit à plus forte raison, en cas de maladies. Enfin les murs de la porcherie même sont blanchis à la chaux, ce qui, sans produire une action directe, permet de se rendre facilement compte de l'état d'hygiène de la porcherie.

On ne peut naturellement pas désinfecter les parcs eux-mêmes, cependant le milieu peut devenir assez dangereux en cas de maladies : deux moyens se présentent alors, d'éviter la contamination. Le moyen usité actuellement, c'est-à-dire en temps normal où l'on n'a à s'inquiéter d'aucune épidémie, c'est le changement de parcs annuel, pour les porcs. En cas d'épidémie plus grave, ayant risqué de laisser nombre de germes infectieux dans le sol, l'on pourra, en plus d'une sévère désinfection des cabanes et des appareils divers (auges, abreuvoirs), épandre sur le sol de une à deux tonnes de chaux qui, par la même occasion, l'améliorerait tout en le désinfectant.

Les porcs eux-mêmes, enfin, sont l'objet d'attentions spéciales au point de vue de l'hygiène corporelle. Les animaux nouvellement introduits ou que l'on change de parcs subissent un lavage au crésyl. Les mères, quelque temps avant la mise-bas sont complètement désinfectées et on lave les mamelles à l'eau tiède avant la première tétée.

Nous avons vu au chapitre « Elevage » les soins particuliers aux reproducteurs ; on ne donne pas de bains aux animaux, une telle installation serait coûteuse et presque inutile ; la vie au grand air et de bonnes désinfections suffisent ; celles-ci ont lieu dans une case spéciale située en plein air, à laquelle on a donné le nom d'isoloir. Nous n'insisterons pas sur l'hygiène concernant l'éclairage et l'aération déjà étudiée dans la partie Bâtiment.

Opérations sur les Porcs. — On en pratique deux couramment : le marquage à l'oreille et le bouclement ; une autre, rarement, sur les déchets de sélection : la castration.

Le marquage aux oreilles se faisait autrefois par boutons ronds, de chaque côté de l'oreille ; ce système, peu pratique en tant que ces boutons s'accrochaient facilement, déchiraient l'oreille et se perdaient, est actuellement remplacé par des marques longues faisant le tour de l'oreille, qui ne présentent pas du tout les inconvénients de la première. Elles sont faites pour l'Elevage de la Genevroye sur un modèle de la Berkshire Association.

Le bouclement, obligatoire chez des animaux d'élevage destinés à vivre dehors, consiste dans la fixation au groin de 3 petites pièces métalliques triangulaires, bouclées à la pince, vivement et sans douleur.

La castration est rare : on l'opère sur les jeunes porcelets que l'on ne veut pas livrer à la reproduction. On la fait pratiquer par un hongreur qui prend 3 fr. par bête. Les vieux verrats ne sont pas castrés car on ne les livre pas à la boucherie. Quant aux femelles à l'engrais (vieilles truies ou bêtes de concours) on préfère ne pas pratiquer cette opération vu les dangers courus et la perte de poids qui en résulte.

Maladies. — Ne voulant pas faire ici un cours vétérinaire sur le porc, nous n'envisagerons que les cas morbides spécialement étudiés à la Genevroye.

Au point de vue alimentation l'on pourrait craindre quelques dérangements par l'emploi de la poudre de viande ; comme l'on n'utilise à la Genevroye qu'une marque coûteuse mais irréprochable « Carnanina de Swift et Cie », l'on n'a pas à redouter d'entérite ni de vers intestinaux. Pour chasser les ascarides et les strongles qui, malgré tous les soins hygiéniques peuvent s'introduire chez les porcs, on donne 5 à 10 gr. par jour de noix d'arec pendant plusieurs jours dans la pâtée du matin. Le changement de parcs a l'avantage d'éviter une trop grande contagion puisqu'on ne peut guère désinfecter le sol ; mais ce n'est là qu'une maladie bénigne chez les adultes à l'élevage.

L'alimentation étant distribuée régulièrement avec attention, grâce à l'emploi régulier et à dose légère du sulfate de soude, pas de dérangement à craindre : diarrhée ou constipation ; en cas d'indigestion, ce qui est rare, on pourrait administrer 1 gr. d'ipéca ou 0 gr. 25 d'émétique comme vomitif, dans du lait par exemple.

Quoi qu'il puisse paraître étrange dans une exploitation aussi bien tenue, l'on doit combattre la vermine assez fréquemment. L'on applique à la Genevroye contre cette phtiriase, naturellement peu prononcée, les lavages complets de l'animal à l'eau crésylée (20 gr. par litre d'eau), que M. Moussu recommande comme étant « un antiparasite très efficace, très économique et d'un emploi facile ».

Ce ne sont là que deux incidents sans grande importance, tout à fait indépendants de la résistance et de la vigueur de l'animal. Cette résistance aux maladies proprement dites, maladies contagieuses en particulier, semble devoir chez le Berkshire représenter un caractère d'une accusation un peu spéciale. Il nous suffira pour mieux étayer cette affirmation, de citer un fait récent et probant : lorsqu'existait le troupeau bovin on eut à souffrir à la Genevroye de la fièvre aphteuse. Or, on sait combien cette maladie est transmissible au porc. « Après l'espèce bovine, l'espèce porcine doit être considérée comme la plus apte à la maladie sous le rapport de la sensibilité de réceptivité. Lorsque la maladie aphteuse apparaît dans une exploitation, elle passe avec la plus extrême facilité, comme on le sait, de l'espèce bovine à l'espèce porcine. » (Moussu). On organisa un programme sévère d'isolement complet, au point de vue personnel et instruments ; de quotidiennes désinfections au crésyl à 3 % assurèrent une hygiène parfaite et l'on réussit ainsi, sans avoir recours à la moindre vaccination, à éviter une maladie qui eût pu être funeste à maints reproducteurs de prix.

Il est à remarquer, coïncidence curieuse, que plusieurs clients de la Genevroye ont relaté des faits analogues durant des épidémies de fièvre aphteuse qui sévissaient dans les vacheries de leurs exploitations, on put éviter facilement, par une hygiène et un isolement rigoureux, la transmission chez les Berkshires ; ce qui semblerait impliquer, et cela dépend autant de la valeur de la race que de l'élevage en plein air, une résistance à la contagion d'importance très notable.

Une maladie présente enfin pour nous un intérêt considérable en tant qu'elle est très redoutée dans les porcheries, car extrêmement grave : c'est la peste porcine (hog-choléra, schweinepest ou swine-plague). « C'est, après la fièvre aphteuse, l'affection la plus contagieuse que l'on connaisse pour l'espèce porcine. » (Moussu).

La contagion se répand soit par les voies digestives dans l'affouillement des litières, soit par les mouches, soit par l'acte génital dans le cas d'animaux guéris ou ayant résisté à la maladie et devenus ainsi porte-virus. Cette infection est donc très facile et rapide, c'est pourquoi il faut bien y prendre garde ; elle n'est heureusement pas excessivement répandue en France, mais il suffit d'une seule épidémie pour causer la ruine d'une porcherie. C'est pourquoi il est bon d'introduire en notre pays les remèdes employés en Amérique. Là, en effet, la question est de toute importance, vu les pertes que cette maladie provoque. De 1913 à 1922 il fut perdu annuellement une moyenne de 47.567.208 dollars. En 1925 l'on dut déplorer la mort de 2.225.000 porcs représentant une valeur de 29.000.000 de dollars. C'est pourquoi l'on étudia spécialement la question et l'on arriva à obtenir sinon le remède vraiment spécifique, du moins un résultat très appréciable.

L'on a trouvé en Amérique un sérum et un vaccin contre la maladie. Nous devons à la Société Sioux Brand les renseignements suivants :

Production du virus. — Des animaux sains pesant 30 à 50 kgs sont injectés du virus virulent de la peste porcine ; on développe la maladie chez ces animaux jusqu'à un degré aigu. On saigne alors ; le sang récolté est examiné pour éliminer tout agent étranger au virus de la peste porcine. On obtient ainsi un virus excellent et sûr.

Production du sérum. — On élève spécialement des sujets de choix dans les conditions les plus favorables ; au poids de 100 à 125 kgs on leur injecte du virus précédent. Généralement l'animal, vu sa préparation, résiste (ceux qui contractent la maladie sont détruits) et développe en lui un grand nombre d'antitoxines. On fait observer à l'animal une diète spéciale, et on le met en observation. Si son état est parfait on le saigne légèrement. Le sérum est envoyé à l'analyse dans des tubes ; si l'examen est satisfaisant, on saigne l'animal complètement. Une inspection *post morten* assure complète sécurité.

Emploi du sérum et du virus. — On distingue deux sortes de traitements : le traitement simple, qui n'est que l'administration du sérum, et le traitement simultané ou double, qui consiste en l'administration du sérum et du virus, injectés tous deux ensemble à différents endroits sur l'animal. Cette pratique est délicate et nécessite, le plus souvent, l'intervention du vétérinaire.

Le traitement simple ne comporte que l'emploi du sérum à dose variant de 20 à 75 mils selon le poids du porc (de 20 à 180 kgs). Ce traitement procure une garantie de trois à huit semaines. On peut l'employer pour les truies pleines et les porcelets castrés; pour les porcs atteints d'une maladie voisine : pneumonie contagieuse ou entérite infectieuse, pour les porcs sortant de l'exploitation pour une ou deux semaines. Souvent après ce traitement simple on organise le traitement double ; on appelle cette opération le « Traitement suivant ».

La méthode simultanée assure les porcs pour toute la vie. Elle consiste dans l'injection d'un peu de virus et de beaucoup de sérum. Le virus seul amènerait la maladie ; le sérum seul, une simple immunisation temporaire. L'action combinée donne ce résultat : l'introduction du virus amène la formation d'antitoxines comme si l'animal avait été attaqué par la peste porcine et qu'il en fût guéri. Ces corps seront des réserves à la disposition de l'animal pour annihiler toute maladie future. Si l'animal est trop faible, pour réagir, le sérum sera suffisant pour fournir à l'organisme les toxines nécessaires pour détruire l'action du virus et procurer des réserves à l'animal.

Cette vaccination de l'animal peut se pratiquer durant l'action immunisatrice du traitement simple. Elle nécessite pendant les deux premières semaines suivant son application, un régime de diète partielle, d'hygiène et de température.

En cas de maladies l'emploi du traitement simple est des plus recommandés ; ses résultats ne sont jamais garantis, alors que la méthode de vaccination est de toute sûreté. C'est pourquoi cette pratique est devenue courante en Amérique. Tous les porcs de la Genevroye sont reçus avec garantie d'"immunisation totale, ce qui est fort utile pour une maladie aussi contagieuse et importable que le hog-choléra. Aussi MM. Calvayrac et Chabrier tendent-ils à divulguer cette méthode précieuse en France, où l'on n'a pas créé de laboratoires pour préparer ce sérum. En répandant ainsi les produits de Sioux Brand, ces deux éleveurs auront encore apporté dans notre cheptel un élément nouveau susceptible de diminuer considérablement les pertes qu'occasionne la peste porcine, maladie si redoutable et si facilement transmissible.

CHAPITRE VIII

Achat, Sélection et Vente
DES SUJETS
Comptabilité

Tous les reproducteurs de choix sont achetés en Amérique ; il arrive pourtant que MM. Calvayrac et Chabrier rachètent quelques truies à leurs clients pour parer aux commandes enregistrées et auxquelles une importation nouvelle serait trop longue à satisfaire. Ce ne sont là que des cas exceptionnels, que l'on évite le plus possible. Les achats se font actuellement de plus en plus rapprochés et de plus en plus importants, étant donné l'expansion que prend cette race et le succès obtenu auprès de la clientèle.

On tend donc à importer le plus de reproducteurs possible d'Amérique, particulièrement des verrats qui sont l'objet d'une attention spéciale. Il y a là, pour les éleveurs Américains auxquels s'adressent MM. Calvayrac et Chabrier, une délicate question de conscience professionnelle, qu'ils résolvent d'ailleurs avec tout le tact désiré. Les propriétaires Français, en effet, ne peuvent ni choisir, ni même connaître les animaux qu'on leur envoie et doivent se fier aveuglément à l'intégrité de leurs vendeurs. Pour obtenir le plus d'assurance possible, l'on ne s'adresse qu'à des éleveurs spécialistes et consciencieux, recommandés par la Berkshire Association. M. E. M. Christen a transmis les adresses des fermes de Sycamore, Douglassville et Pensylvanie, plus récemment enfin la ferme de Corey, de New Haven (Michigan). De plus, chaque verrat est accompagné de sa feuille généalogique assurant sa valeur *a priori* d'excellent raceur.

Nous donnons ci-contre deux feuilles se rapportant aux deux principaux géniteurs actuels de la Genevroye. On envoie ce document, en général, sous petit format, c'est-à-dire donnant toutes les ascendances de deux à quatre générations, mais l'on peut demander la souche au Pig-Book, qui la fournit parfois jusqu'à 30 générations. Les verrats importés sont tous inscrits sous un nom et un numéro spécial, procurant ainsi une garantie de plus au point de vue valeur pratique. Ce système procure une telle probabilité que jusqu'ici MM. Calvayrac et Chabrier n'ont reçu que des animaux d'excellente valeur et en bon état.

Ces tractations demandent au point de vue Français, deux formalités : d'abord l'achat de dollars qui exige l'autorisation de la Chambre de Commerce, autorisation qui ne se donne que sur présentation de factures. Comme le paiement doit s'effectuer à la livraison des sujets, il faut se procurer une avance de dollars. Avec les variations actuelles du change, il y a un point nettement défectueux pour l'acheteur. L'autorisation du Ministre de l'Agriculture est plus facilement obtenue, étant donné que cette importation vise à l'amélioration du troupeau porcin français, toujours en déficit. Le Ministère fait visiter l'exploitation par un vétérinaire pour s'assurer de l'état de santé du troupeau actuel et s'occupe du contrôle et de l'examen des porcs introduits à leur départ d'Amérique et à leur arrivée au Havre.

Les animaux importés arrivent en France par Le Havre où l'on doit aller les prendre en chemin de fer. L'achat se fait aux « conditions Fob » New-York, les frais jusqu'au port d'embarquement sont à la charge du vendeur. Le transport par bateau est fort onéreux. On demande 400 dollars, c'est-à-dire plus de 10.000 francs pour six truies pleines éprouvées et un verrat, de New-York au Havre, auxquels il faut ajouter le transport du Havre à la Genevroye. Heureusement, l'on n'a jamais eu à déplorer de pertes

NOS SOUCHES DE REPRODUCTEURS

Notre verrat ROBERT (inscrit sous le nom de SYCAMORE CHAMPION KING 327974) est le produit de plus de 30 générations de reproducteurs inscrits. Apparenté aux verrats champions des Etats-Unis, cet animal est le Premier Prix Verrat du Concours Agricole de Paris 1926. Il est un des plus beaux spécimens de la race et transmet à sa descendance la perfection de ses origines et de sa valeur.

Notre verrat SHODACK, reproducteur de rare valeur, dont le père fut grand champion verrat aux Etats-Unis en 1922. L'un de ses frères, présenté par M. Humphrey à l'Exposition de San Francisco, y remporta le titre de CHAMPION VERRAT DU MONDE.

En remontant plus haut dans son pédigree, nous lui trouvons du sang du fameux MASTERPIECE qui fut vendu $ 2.500. — Sujet remarquable, en outre, par sa conformité avec le standard d'excellence de sa race.

Notre Verrat ROBERT

- Hoosier Champion King 290101
  - Ravinia Size 277491
    - Champion of England 249999
    - Epochal Springflower 262200
  - Champion Lady Lee 21° 241879
    - Rival's Majesty Boy 146407
    - Champion Lady Lee 229796
- Prime Minister Handsome Duchess 327802
  - Epochal Prince's Minister 273554
    - Epochal 232232
    - Saillie Gossard Springflower 237194
  - Handsome Duchess 102° 269208
    - Romford Duke 68° 240244
    - Handsome Duchess 58° 245767

Notre Verrat SHODACK
Inscrit sous le nom de SYCAMORE PENN 335514

- Grandsons Rival 296925
  - Grand Leaders Grandson 91000
  - Champion Lady Value 4° 256917
- Sycamore Rulers Queen 313080
  - Progressor's Leader 288547
  - Ru'ers Queen 288563

Nous considérons ces deux souches comme les meilleures qui puissent exister. Elles sont la meilleure garantie de la perfection des animaux que nous élevons.

Au milieu des parquets de reproducteurs, soigneusement entretenus en herbe,
se trouve une cabane-abri.

La distribution de la soupe s'effectue rapidement, les mangeoires se trouvant le long de la clôture
et près de la voie Decauville.

durant ces trajets, accident qui serait des plus sensibles, malgré l'assurance des reproducteurs.

Voici quelques prix d'achat de Berkshire pratiqués par l'un des plus sérieux élevages Américains :

Animaux de 3 à 4 mois	$ 40
— de 4 à 5 »	$ 45
— de 5 à 6 »	$ 50
— de 6 à 7 »	$ 55
— de 7 à 8 »	$ 60
— de 8 à 9 »	$ 65
— de 9 à 10 »	$ 70
— de 10 à 11 »	$ 75

Les truies adultes éprouvées atteignent 150 $. Quant aux verrats, il est presque impossible de fixer un prix : *Shodack,* l'un des meilleurs verrats de l'Elevage de la Genevroye, revint à près de 50.000 francs.

L'on peut compter, vu les frais d'achat, de transport et d'assurance, qu'une truie pleine éprouvée revient à plus de 5.000 fr. L'on voit facilement, par ces quelques chiffres, que MM. Calvayrac et Chabrier ne reculent devant aucun sacrifice pour se créer un troupeau parfait.

C'est d'ailleurs dans ce même but que l'on s'est fixé, depuis deux ans, la règle d'importer plusieurs truies éprouvées et un verrat chaque année. L'on possède ainsi plusieurs souches et la consanguinité est très facilement évitée. Les truies éprouvées sont des femelles ayant eu déjà au moins deux portées nombreuses ; on les fait venir pleines, afin d'obtenir ainsi le plus possible de produits d'origine directe. L'arrivage du 25 Mars comportait 6 truies dans ces conditions et un verrat.

Sélection. — On la pratique à la Genevroye, selon les deux méthodes classiques et indispensables : le choix des géniteurs et l'élimination des sujets défectueux.

1° *Choix des Géniteurs.* — L'utilisation de plusieurs verrats dans la porcherie évite la consanguinité ; d'autre part l'on n'accouple que des animaux inscrits, c'est-à-dire présentant toutes les caractéristiques et les aptitudes de la race, confirmées *a priori* par la sélection de leurs parents, et *a posteriori* par leur inscription individuelle. L'on s'attache enfin à ce que la femelle elle-même soit de conformation parfaite, ce que l'on obtient facilement dans une exploitation dont les sujets sont importés purs et où la sélection est chose courante. Un système de fiches contrôle sévèrement cette pratique.

2° *Elimination des sujets défectueux.* — La sélection principale est opérée un peu avant le sevrage ; on castre alors les porcelets mal venus, chétifs, de mauvaise santé ou de conformation défectueuse. L'on obtiendra ainsi d'excellents porcs d'engraissement que l'on vendra. Une seconde sélection, qui n'est qu'accidentelle, peut avoir lieu pour des porcs plus âgés, en cas d'accident, maladies, mauvais développement ; ces sujets sont alors castrés et engraissés à la Genevroye même.

Les reproducteurs sélectionnés vendus pour l'élevage sont garantis inscriptibles à la demande du client ; c'est là une garantie de tout premier ordre vu la sévérité des conditions d'inscription.

Ventes. — La Genevroye procure à sa clientèle deux sortes de porcs. Les porcelets d'élevage sont pour eux les plus intéressants car ils se vendent de 500 à 800 francs pièce jusqu'à un poids de 20 kgs, alors qu'un porc castré de ce poids n'est vendu que : $20 \times 14 = 280$ fr., ce qui est peu avantageux. Aussi n'est-ce là qu'une vente de pis aller atteignant environ 2/10 des sujets (l'on compte en effet 2 sujets à castrer par portée).

Les porcs à engraisser sont envoyés en Alsace, dans les Vosges et les Ardennes, dans les laiteries principalement. Les Berkshire d'élevage ont une clientèle moins fixe, disséminée un peu par toute la France et même à l'étranger, jusqu'en République Argentine. MM. Calvayrac et Chabrier pensent avec raison pouvoir, grâce à leur sévère sélection, étendre ainsi leur clientèle jusqu'à de nombreux pays étrangers.

L'expédition est faite en grande vitesse, port dû, dans des emballages solides, facturés 20 % du prix de la commande jusqu'à un maximum de 300 fr. par tête, et repris au prix de facture à leur retour franco et en bon état à la gare de Coincy. Les animaux sont garantis en bon état à l'arrivée (sauf en cas d'accidents dont la responsabilité incomberait au transporteur) ; l'on remplace enfin tout sujet ne satisfaisant pas et retourné franco dans les 48 heures.

Comptabilité. — Une comptabilité spéciale et détaillée de toute l'exploitation est tenue à la Genevroye. Elle comporte au point de vue porcherie :

CAPITAL	Matériel et Immeubles. Cheptel.
FRAIS GÉNÉRAUX. . . .	Main-d'œuvre. Alimentation. Amortissement. Impôts divers.

On n'a pas à compter les impôts commerciaux de 2 % sur le chiffre d'affaires et 8 % sur les bénéfices présumés, applicables aux exploitations utilisant plus de 40 % de nourriture achetée, la porcherie de la Genevroye n'utilisant que ses propres produits ou des produits presque exclusivement d'échange.

Les achats de toutes sortes et les dépenses sont inscrites au fur et à mesure ; il en est de même pour les recettes. On obtient ainsi facilement à la fin de chaque grande période le bénéfice retiré de cette spéculation.

Le personnel : le porcher et son aide, sont payés à prix fixe, sans primes ; le porcher, qui s'occupe plus spécialement de l'élevage, est intéressé aux bénéfices par des ristournes variant avec ce bénéfice.

CHAPITRE IX

Rôle futur du Berkshire
EN FRANCE

Ce sera là, naturellement, la conclusion de cette étude sur la spéculation porcine de la Genevroye, puisque, ainsi que nous l'avons déjà noté, l'idée même de MM. Calvayrac et Chabrier est de répandre ce porc dans toute la France et que leur œuvre ne présente pas un intérêt seulement particulier, mais encore une intention de propagande.

« Pourquoi, diront certains, aller chercher à l'étranger ce que nous possédons nous-mêmes en France ? Nous avons chez nous de bons porcs bien acclimatés, de race bien pure et bien fixée, de rendement excellent et de chair appréciée ; n'est-ce pas là faire preuve de chauvinisme et suivre trop hardiment cette mode actuelle et si répandue qui consiste à critiquer tout ce que l'on fait chez nous, pour admirer de parti pris ce qui se passe à l'étranger ? »

Il faut pourtant reconnaître que la spéculation porcine ne fut chez nous, durant longtemps, l'objet d'aucune étude spéciale ou sérieuse. Seule la consciencieuse volonté de nos éleveurs a su conserver, améliorer même souvent, nos races locales, mais aucun mouvement d'ensemble ne s'était encore dessiné pour tendre vers un perfectionnement rationnel et régulier par la communauté des efforts. Assez récemment, la création des Syndicats d'élevage amena ce programme de réorganisation tant attendu, et grâce à eux l'on arrive aujourd'hui à trouver dans notre pays même des porcs régionaux excellents, des races pures sérieusement sélectionnées et améliorées.

Cette initiative est malheureusement venue un peu tard.

Nombre d'éleveurs trouvant à l'étranger des races depuis longtemps sélectionnées se sont empressés de les introduire en France pour, soi-disant, améliorer nos races locales ; le rôle joué par les races anglaises dans notre cheptel porcin a pu être considéré par certains comme néfaste. Sans aller aussi loin, il faut reconnaître que, pratiqué à outrance, les croisements ne parvinrent à accroître la précocité de nos races qu'au dépens de leur rusticité. A ce chauvinisme extrême on répondit justement par la création des Syndicats d'Elevage qui s'efforcent d'améliorer nos races par la sélection et non par le croisement pour obtenir des animaux plus rustiques et précoces.

Cependant il n'est pas inutile de considérer, en plus des efforts des éleveurs français et anglais, les données qui nous viennent d'outre-Atlantique ; là et depuis longtemps des « Associations » se sont formées pour favoriser l'amélioration des races porcines. Ces efforts ont abouti à l'obtention de troupeaux de races pures et perfectionnées tant au point de vue rendement et précocité, qu'au point de vue rusticité.

C'est pourquoi MM. Calvayrac et Chabrier se sont adressés à l'Amérique de préférence à l'Angleterre pour acquérir des sujets porcins capables d'améliorer le troupeau français. On ne saurait que leur savoir gré d'avoir ainsi résisté à cette mode actuelle et excessive d'importer continuellement des reproducteurs anglais ; leur but, en tant qu'amélioration, fut double en effet : de hâter la revalorisation actuelle de notre cheptel par apport d'un sang neuf et vigoureux, de procurer ensuite, avec nos porcs régionaux améliorés, des croisements industriels ou définitifs très avantageux.

Les qualités inhérentes au Berkshire satisfont pleinement à ce double désir.

La rusticité est, nous avons dit, le trait le plus remarquable : c'est un immense avantage qu'il possède sur ses rivaux étrangers, les porcs Anglais les plus employés en France : Yorkshire et Berkshire mêmes, sont des modèles exagérément poussés à la production de la graisse et à la précocité ; la rusticité s'en ressent, ce caractère avec le croisement Français s'affaiblit encore et les produits donnent des animaux excellents mais délicats. Rien à craindre de tel avec le Berkshire américain, d'une rusticité à toute épreuve, son croisement donne à cet égard des porcs irréprochables. M. Dechambre dit à propos des porcs de Bayeux : « Ils sont rustiques et fort appréciés dans les grandes porcheries de l'ouest et peuvent être élevés avec succès là où Normands et Craonnais succombent avec rapidité. Ils s'élèvent facilement sans sortir avec du petit lait et des farineux ; nourris au sérum frais, ils résistent et viennent bien. »

Or le Berkshire Américain est, nous avons dit et expliqué, plus rustique que le porc Anglais ; n'est-il pas alors l'animal tout désigné pour apporter cette qualité à nos races, souvent peu entraînées à la vie au grand air, et comme cette pratique tend à s'amplifier de nos jours, car la plus simple et la plus hygiénique, la race Berkshire Américaine semble tout désignée pour l'amélioration de nos races dans ce sens.

Sa facilité d'engraissement est tout à fait remarquable ; un engraissement pouvant atteindre plus de 1 kg. 500 par jour pour 6 kilogrammes de nourriture est une performance rare. 1 kilogramme d'engraissement journalier est considéré comme très satisfaisant chez les Yorkshire et les Berkshire Anglais. Cette qualité provient pour une part, de la facilité même d'assimilation, d'autre part de la taille du porc, car c'est durant la première période (mise en état) de l'engraissement que celui-ci est le plus économique ; si la carcasse est plus vaste, en vendant le porc à un état d'embonpoint moyen, correspondant « à un bon état », l'on obtiendra un résultat meilleur qu'avec un petit porc engraissé à fond et du même poids, dont les derniers kilos auront été extrêmement onéreux. Nous tenons à souligner cette qualité, car c'est la plus récente et partant la moins connue, du Berkshire Américain. J.-H. Magne semble s'étonner de ce que : « Dans le Rouergue, des porcs à l'engrais ont augmenté de plus d'un kg par jour », et Jacobs cite comme un cas particulier 7 porcs belges Yorkshire ayant augmenté de 1 kg 277. Nous sommes donc loin du pouvoir d'assimilation du Berkshire Américain.

Voilà donc une qualité, et non des moindres, que le Berkshire Américain apportera avec lui ; en race pure on obtiendra des animaux de rapport excellent ; en croisement l'on introduira une qualité nouvelle que les autres races étrangères n'avaient pu présenter qu'en qualité restreinte ; cette seule caractéristique eut suffi à rendre intéressante l'importation de cet animal en France. La même race de Bayeux nous montre encore que le croisement ne peut donner de ce côté que de bons résultats. Nous eûmes l'occasion de voir de ces grands et voraces animaux augmenter de jusqu'à 1 kg 750 par jour, lorsque maigres.

Nous avons envisagé jusqu'ici l'intérêt de deux catégories d'exploitants : les éleveurs et les engraisseurs ; la rusticité sera plus spécialement à l'avantage du premier, l'aptitude à l'engraissement surtout profitable au second. Mais il est une troisième catégorie de personnes et non des moins intéressantes, puisque c'est de leurs goûts et de leurs désirs que dépend le sens dans lequel devront se tourner les deux fournisseurs : c'est le consommateur. Nous pouvons donc nous demander si la viande de Berkshire se montre susceptible d'être bien agréée en France ? C'est ici la question la plus délicate de ce chapitre ; nous devrons nous y arrêter un moment.

La viande du Berkshire est très estimée en son pays d'origine puisque, au concours de 1924, à la London Dairy Show, le Berkshire obtint les points maxima pour la qualité de la viande, la proportion du maigre au gras, la fermeté du gras et la finesse de couenne. En Amérique, il vient aussitôt derrière le Poland-China pour la valeur au point de vue porc à lard ; il se classe actuellement dans les premiers pour le « bacon ». Par contre, il est très estimé au Canada, où on l'utilise tantôt comme type à gros lard, tantôt même comme type à bacon. En République Argentine enfin il est la race la plus répandue,

Vu les méthodes de sélection adoptées par la Berkshire Association et les efforts mêmes des éleveurs Américains, l'on tend à obtenir aujourd'hui une race répondant à ces deux desiderata ; les animaux de la Genevroye, en effet, se présentent à nous comme conformes au type désiré : le dos et surtout les épaules restent larges et bien développées ; c'est la caractéristique de l'ancien porc à lard vers lequel type on poussa d'abord le Berkshire ; par contre, la fesse est beaucoup plus arrondie et non pas aplatie comme chez le Berkshire Anglais ou même l'ancien type Américain. On peut donc tirer de cet animal d'excellents jambons et le Berkshire Américain actuel, d'après le standard exigé par la Berkshire Association, se présente comme un porc de conformation parfaite, à la fois bon producteur de lard et de jambon.

Le rendement à l'abatage du porc est aussi des meilleurs ; on l'estime varier entre 80 et 85 % du poids vif. Les chiffres donnés à propos de rendements généraux s'échelonnent entre 76 et 85 %, mais souvent ces chiffres sont donnés sans tenir compte des pieds ou de la tête. Des expériences de M. Chrétien, aux Halles de Paris, ont indiqué une moyenne générale de 71 %. Le Berkshire (les chiffres ci-dessus étant donnés exactement en calculant ces deux quartiers) peut donc être classé, à ce point de vue, d'une manière remarquable.

Voici donc nombre de qualités semblant prouver en faveur de la viande du Berkshire Américain qui se révèle supérieure à beaucoup d'autres. Et pourtant ce porc, même le type purement anglais, n'a pas connu en France toute la vogue qu'il méritait, et ce, par le simple fait qu'il est noir.

Il est souvent dur, en effet, de lutter contre la routine ; dans nombre de pays où le porc occupe une place importante, l'on répugne à employer et à introduire le sang étranger dans les troupeaux indigènes ; à plus forte raison lorsque l'animal étranger est noir. C'est une erreur des plus communes que de croire que la couenne du Berkshire est noire, comme le pelage même de l'animal, ce qui, dit-on,

amène une dépréciation dans la présentation et la vente de
cèrtains morceaux (jambons particulièrement). Il faut noter
d'abord que la coloration de la couenne n'est que l'indice
d'une certaine catégorie de viande et n'a aucun rapport
avec la qualité ; c'est pourquoi les Large-Black, les races
Indo-Chinoises, Roumaines, Asiatiques, jouissent dans leurs
propres pays d'une excellente réputation. Mais ce qu'il faut
encore plus remarquer, c'est que la couenne d'un Berkshire
soigneusement grattée est blanche et ne présente aucune
différence avec celle des porcs dit « blancs ». C'est donc là,
non pas une question de propagande et d'habitude à provoquer, mais une simple rectification, qu'un examen facile
satisfera immédiatement. Dans le fromage de tête, objec-
teront encore quelques-uns, où l'on met la couenne sans
bien gratter la peau, on verra nécessairement la naissance
noire du poil. En ce cas, il n'y aura qu'à gratter soigneusement la couenne et ce n'en sera que plus propre.

Une telle rectification sera d'autant plus facile que la
viande sera bonne par elle-même, comme c'en est le cas
chez le Berkshire ; ceux-là même qui se sont décidés à y
goûter se sont pour la plupart convertis, mais il reste à
convertir les autres et c'est ici que naît la difficulté, mais
non l'impossibilité. M. de Rualle, administrateur de la Maison Fournier-Olida, reproche à cet animal une viande trop
rouge et incapable de donner du jambon d'York ; mais cet
inconvénient ne considère qu'une spécialité de la charcuterie
et l'intention de MM. Calvayrac et Chabrier est de doter la
France d'une race de porcs améliorante et non d'une race
unique. Il ne faut donc pas considérer le Berkshire comme
un animal universel et destiné à remplacer tous les autres,
car la qualité de sa chair, si excellente soit-elle, ne peut
compenser à la fois toutes les variétés de viande porcine ;
aussi ne doit-on pas considérer cet inconvénient comme un
argument négatif dans notre jugement ; ce n'est qu'une mise
en garde contre un emploi défavorable que l'on pourrait
croire possible de cette viande.

Le goût même de la chair est de nature à plaire en

France : elle est ferme, un peu sèche, d'aspect rappelant un peu la viande de bœuf ; sa saveur est plutôt rude, un peu « américaine », mais son goût est bien prononcé et agréable.

Le dernier argument en faveur de cette viande, et il ne nous semble pas le moindre, est procuré par l'appréciation même des clients de la Genevroye. Ce qu'une maison importante comme Olida desservant des villes qui ignorent tout des élevages dont elles absorbent les produits ne peut faire, il est plus aisé de le tenter dans des élevages particuliers.

Les engraisseurs achètent d'abord quelques porcs Berkshire à engraisser ; on leur en achète quelques-uns pour la consommation avec beaucoup de circonspection, on y goûte, on l'apprécie, on en parle, on en achète d'autres, et les demandes viennent peu à peu. Le Berkshire, en effet, s'il déplaît d'un côté par l'aspect de sa peau au premier abord, fait jouer en toute sa plénitude, par ce même aspect extérieur, le facteur le plus important dans toute propagande, c'est-à-dire la curiosité. C'est par curiosité qu'on goûtera à ce porc et le goûter c'est presque l'adopter. C'est encore là que nous trouverons le meilleur encouragement à la propagation de la race, et cette qualité intrinsèque n'est pas à dédaigner. La prospérité actuelle de la Genevroye, son impossibilité même à satisfaire à toutes les demandes, sont autant de preuves que le mouvement entrevu par MM. Calvayrac et Chabrier s'est déclanché ; et n'est-ce pas l'argument suprême que de dire aux pessimistes : Cela sera parce que cela est ?

Nous avons donc vu que le Berkshire Américain répondait aux exigences des éleveurs, des engraisseurs et (théoriquement du moins dans l'état actuel de la mentalité Française) aux consommateurs. Insistant davantage sur ces idées nous reprendrons ces trois cas précédents d'un point de vue plus théorique et futur : le Berkshire Américain, vu le prix des importations et le cours du change est actuellement un animal d'achat onéreux ; il est à croire, vu la rusticité, la stabilité de la race et sa propagation, qui nécessitera de moins en moins d'importations de sujets, que le prix diminuera de plus en plus. Sa robustesse et son entretien économique en feront alors l'animal apprécié des éleveurs petits et grands : les petits éleveurs y trouveront l'avantage de n'avoir pas à construire de bâtiments onéreux et d'utiliser avantageusement les quelques prairies qui les entourent ; les grands éleveurs diminueront avec lui les pertes, trop fréquentes, hélas, par maladie contagieuse, vu la résistance à la maladie et l'hygiène de la vie au grand air.

La race étant des plus prolifiques et les porcelets de croissance rapide, ils obtiendront un bénéfice plus élevé et d'échéance plus brève. L'économie d'installation, de nourriture et d'entretien entreront fortement en ligne de compte dans l'évaluation de ces bénéfices.

Les engraisseurs, petits ou grands, trouveront dans le Berkshire, en plus des avantages déjà utilisés par les éleveurs, un porc d'engraissement rapide, facile et sans presque de danger, d'où encore bénéfice plus élevé et d'échéance plus brève. On peut en effet utiliser nombre de sous-produits à l'usage de cet animal, et celui-ci accepte aussi bien un engraissement aux aliments concentrés qu'aux sous-produits laitiers ainsi que l'indiquent les résultats obtenus chez les clients de MM. Calvayrac et Chabrier.

Le charcutier enfin sera loin de se plaindre lorsqu'il sera en possession d'animaux d'un rendement supérieur à nombre d'autres, dont les morceaux sont tous excellents et bien proportionnés : une couenne fine, une viande maigre, un gras peu épais et ferme, un bacon bien développé. Le consommateur enfin, lorsque habitué, trouvera dans le Berkshire une viande à son goût, maigre, ferme et se réduisant peu à la cuisson.

Le croisement du Berkshire est, nous l'avons dit, des plus avantageux ; nous avons suffisamment considéré la race de Bayeux pour n'y plus revenir. Cependant il nous semble bon de souligner l'amélioration des porcins Français que peut amener le Berkshire, car, si sa valeur personnelle le rend apte à une spéculation très avantageuse en race pure, les qualités qu'il est susceptible de fournir par croisement ne pourront qu'augmenter son intérêt dans notre pays.

Nous avons vu qu'au point de vue rusticité l'on pouvait attendre beaucoup de lui, plus que des races Anglaises. Des expériences faites à la Genevroye à ce sujet ont montré que l'emploi du verrat Berkshire pouvait régénérer très vivement des sujets de race très affaiblie ; nous eûmes l'occasion de trouver dans cette exploitation deux spécimens, à peau blanche couverte de larges taches noires, dont la croissance et l'état de santé, malgré la mauvaise conformation de la mère, étaient remarquables. Le verrat Berkshire possède une puissance de régénérescence très appréciable.

MM. Calvayrac et Chabrier tendent enfin à pousser leurs clients à la pratique du croisement industriel. M. Dechambre écrit à ce propos : « Soit avec des truies blanches à grandes oreilles, soit avec des femelles de pelage plus ou moins tacheté venant d'autres races, le verrat Berkshire donne de bons résultats en croisements de première génération. » On obtient en effet par cette méthode de meilleurs porcs au point de vue engraissement que par la reproduction entre métis ou même avec la race pure. Le Berkshire pourra donc être en France l'une des principales races employées pour cette pratique, l'une des plus avantageuses à l'heure actuelle et les expériences faites à ce sujet ont été toujours probantes.

Dans cet exposé nous avons cherché à mettre en relief, à souligner et à défendre l'idée même de notre thèse : le Berkshire Américain est une race destinée à acquérir une place importante en France, à l'égal de nos grandes races indigènes et du Yorkshire Anglais. Nous avons montré qu'elle répondait aux exigences des éleveurs grands ou petits, des engraisseurs, des charcutiers et des consommateurs ; que d'autre part son élevage était facile et économique par l'étude même de la ferme de la Genevroye ; que son expansion était actuellement possible vu la prospérité de ce même établissement et les résultats obtenus chez leurs clients.

Nous terminerons cet ouvrage par une courte mais nécessaire considération économique.

Nous avons, tout au cours de notre étude, noté toutes les particularités économiques que présentait le Berkshire, et nous avons même donné cet exemple frappant : malgré le prix d'achat actuellement élevé de ces porcs, les engraisseurs y trouvent encore un bénéfice très suffisant. Que déduire alors de l'avenir économique du Berkshire en France ? Prolifique, peu exigeant comme local, mangeant peu relativement à la rapidité de sa croissance, bon à sacrifier dès 6 mois, telles sont les qualités économiques qu'apportera avec lui cet animal. Lorsque bien établi en France, nos achats seront réduits à l'étranger, il formera le « porc à bon marché » par excellence, dont le prix de vente pourra être légèrement abaissé par rapport à d'autres races moins avantageuses à l'éleveur. En ce cas la vogue du Berkshire ne pourra qu'augmenter et nous trouverons là le dernier et meilleur moyen de propagande.

Il est presque certain que ces probabilités deviendront d'intéressantes et avantageuses réalités, que bientôt le Berkshire aura conquis en France le rang qu'il a droit d'occuper. Alors sera réalisée la seconde et noble idée de MM. Calvayrac et Chabrier : Augmenter le contingent de porcs dans notre pays par des éléments nouveaux, améliorateurs et susceptibles d'accroître la prospérité et les qualités de notre cheptel porcin.

TABLE DES MATIÈRES

CHATEAU-THIERRY. — IMPRIMERIE MODERNE. — 6-1927